再造医院

医学社会影响下的中国医院建筑

郝晓赛 著

中国建筑工业出版社

图书在版编目（CIP）数据

再造医院：医学社会影响下的中国医院建筑 / 郝晓赛著.
— 北京：中国建筑工业出版社，2019.10
ISBN 978–7–112–24139–2

Ⅰ. ① 再…　Ⅱ. ① 郝…　Ⅲ. ① 医院 — 建筑设计 — 中
国　Ⅳ. ① TU246.1

中国版本图书馆CIP数据核字（2019）第183448号

责任编辑：牟　琦
责任校对：芦欣甜

再造医院
医学社会影响下的中国医院建筑
郝晓赛　著

*

中国建筑工业出版社出版、发行（北京海淀三里河路9号）

各地新华书店、建筑书店经销

北京点击世代文化传媒有限公司制版

北京中科印刷有限公司印刷

*

开本：787×1092毫米　1/16　印张：16¼　字数：329千字

2019年8月第一版　2019年8月第一次印刷

定价：65.00元

ISBN 978-7-112-24139-2

（34664）

自　序

在设计院从事医院建筑设计多年后，我重返校园攻读博士学位，我的导师、清华大学建筑学院秦佑国教授，建议我以《医学社会学视野下的中国医院建筑研究》为题开展博士论文工作。由此，在秦老师的指导下，我对医院建筑的理解与关注，从原来专业而深入的器物层面开始迈向广阔人文领域的第一步。

毕竟，所有建筑都为人所用，医院建筑事关所有人。我的博士论文评阅人、清华大学社会学系景军教授指出，建筑设计一定会注入大量人文思考，同时体现着人们的价值观、嗜好、品味、期待，甚至欲望。

对建筑设计开展社会文化思考需要两个学科的互动，但遗憾的是，"这两个学科的学者常常不了解对方学科的历史、理论、方法或终极关怀，而不能对话"（景军语）。由此，他认为，《医学社会学视野下的中国医院建筑研究》是试图在中国语境中展开如此对话之开端，实属勇敢之举，甚至可以说是冒险。但新路毕竟需要人开辟，即便冒险也值得。否则，日日行故道，年年祭荒台，学术毫无进取。

本书是将该论文核心理论研究成果进行通俗化改写而成，增加了可读性，保持了思辨深度，是一部从社会历史发展和中外对比角度写就的，关于医学社会环境如何影响医院建筑设计、医院建筑设计如何更好地服务社会需求的书。

为此，本书没有按照医院建筑设计工作如何开展的思路罗列专业知识，而是在思想认识层面讲述如何看待医院建筑设计，在医院建筑与社会的发展互动关联中逐一分析医院建造事实，指出其中的荒谬与闪光之处。用这个角度串起多项设计实例介绍，引领读者理解一些设计的价值与另一些设计的无价值。并针对当下医院中的医学社会热点问题，一一分析在医院建筑问题中的映射，以寻求更广意义的解决之道。

最后需要说明的是，对于本书中引用的医院建筑实例或设计方案，如果冒犯相关建筑师或医院基建管理者，在此真诚致歉。请相信，本书引用这些实例或方案的本意是将之作为个案代表，为医学社会环境影响下的一种医院建筑发展趋势提供支持，并不是针对个人或设计院（公司）展开设计水平高低的评价。

郝晓赛

2019 年 2 月 24 日

于北京建筑大学

目　录

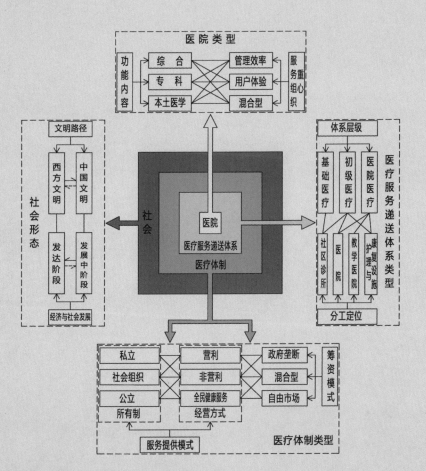

第 1 章

从医学社会角度读懂医院建筑

前页插图:

图 1-1 医院与外部的医学社会环境要素

1 书名释义

书名《再造医院：医学社会影响下的中国医院建筑》中的"再造"，用来描绘专业技术领域关注的要素（如建筑基本功能需求、建筑材料与技术等）影响之外，与医学相关的社会生活对医院建筑的塑造作用。我国主流医院建筑一直以"移植"西方经验为基础，"再造"指明了一部分当代医院建筑问题根源所在的方向。

书名副标题"医学社会影响下的中国医院建筑"，表明了本书将医院内外与医学相关的社会生活作为理解医院建筑空间形式、评判医院建筑意义与设计价值的一种路径。通过用存在于医学社会中的"事实来冲击既有的观念和框架" ❶，不仅探索一种医院建筑设计在满足基本功能基础上向更为综合的社会关怀拓展的理性方式，还要探索一种医院建筑问题更广阔意义的解决之道。

2 医院建筑与医学社会

建筑表达了文明，表达了所处的时代。梁思成先生说过："建筑是一本石头的史书，它忠实地反映了一定社会之政治、经济、思想和文化"。医院建筑是一种功能性很强的实用建筑、一种与社会多重因素有广泛联系的建筑类型，也不例外会受到时代和国家的社会和意识形态的影响，受到与医学相关的社会生活的影响（图1-1）。

由此，医院建筑不仅具有视觉可见的空间形式，一旦与历史和现实的场景相连，与从修建到使用、改造直至扩建中

❶ 李津逵.《景观社会学》是怎样开设的[J]. 城市环境设计. 2007, 02: 8

所发生的一系列事情相连，医院建筑就会像一本书一样，变成记录时代变迁的载体（参见第 3 章 "在中国建造西医院（1835～1928 年）"）。

在当代，医院建筑的发展与医疗服务提供模式密切相关。随着社会变迁，医疗问题在各国被推上政治舞台，一个医疗决策关乎千万人福祉，相关变革势必引发未来医院建筑的转变（参见第 4 章第 3 节 "荷兰医院建筑：医院的消隐"）。

因为医院的社会属性，医院建筑不单纯是专业技术领域的物质产品。当代医院建筑中出现的问题，其认知和有效解决也超出了建筑设计的专业技术范围（参见第 6 章 "用医学社会学诊治医院建筑"），这是建筑师产生技术无力感的原因。

如一位主持编制北京某知名医院项目建议书的资深医疗建筑师告诉作者，她最苦恼的是 "明知医院建设条件难以满足城市中心区超大规模医院的功能需求，建设对环境影响也极为不好，却还要硬着头皮往下做，遇到先天不足的事情也就只好将就了"。

3　思维更新使命

医院建筑设计领域面临着更新思维观念、向社会领域拓展的历史使命。台湾建筑师夏铸九在《空间的文化形式与社会理论读本》中，对为何需要从社会角度思考建筑与城市问题作了如下回答：

"为何我们必须以经济、政治与文化的元素来解释空间的形式呢？因为一个专业者假如不能洞察问题的根源，你将完全不能真正地改变你在空间中观察到的倾向"。❶

这里的 "问题" 指实际生活问题，建筑专业不能脱离社

❶ 夏铸九，王志弘．空间的文化形式与社会理论读本 [M]．第 2 版．台北：明文书局有限公司，2002．

会现实自说自话，若不了解建筑专业的社会角色，终会失去发展方向，建筑也无从体现对空间使用者的关怀，而这正是建筑使用价值的立足点。医院建筑相关的社会现实，正是医学社会学研究内容的组成部分，因此，本书从医学社会学视角解读医院的空间形式。

当前的新科学发展方向，也催促着医院建筑设计领域更新思维观念。一方面，与医院建筑密切相关的医学领域已向社会学研究拓展，成功地发展出医学社会学学科，并以医学社会学研究为理论基础，通过实施公共卫生政策、依靠社会力量等，解决单凭医学技术无法完成的医学任务。如，20世纪有学者发现，19世纪后半叶传染病死亡率下降是由于采取了有效的社会措施，而不是医学的革新。❶

另一方面，建筑和规划领域已向社会学研究拓展。建筑领域已有建筑社会学概念，多名建筑学者就建筑与社会这一话题提出了自己的观点。"建筑社会学"（Architectural Sociology）概念最早由清华大学陈志华教授❷ 提出❸，他认为，建筑社会学研究一定历史发展阶段的社会（包括生产、制度、意识形态等）与建筑之间的相互影响；完整的建筑史包括建筑社会史与建筑本体史。❹

卢森堡建筑学者莱昂·克里尔在《社会建筑》里表达了对建筑社会层面的思考。他认为，滥觞于1931年《雅典宪章》的"功能分区"是工业化的扩张工具，自由市场机制和国家集权主义都没有能力创造真正的公共领域。而建筑应表达社会价值观，并应超越所处时代。❺

卡斯腾·哈里斯在他的著作《建筑的伦理功能》中，也指出了功能主义的局限性。在他看来，建筑社会学思维的必要性在于："我们的定居总是和其他人在一起的"，建筑问题必

❶ 威廉·科克汉姆. 医学社会学 [M]. 杨辉，张拓红 等译. 北京: 华夏出版社，2000.

❷ 陈志华，笔名窦武。

❸ 窦武. 说建筑社会学 [J]. 建筑学报. 1987, 03: 67-70.

❹ 原文为："建筑本体是在建筑的社会环境中发展的，社会史是本体史的前提。只有在建筑社会史和建筑本体史都完备了的时候，我们对建筑的发展才能有整体的、系统的认识"。引自: 陈志华. 北窗杂记 [M]. 郑州: 河南科学技术出版社，1999.

❺ 莱昂·克里尔. 社会建筑 [M]. 胡凯，胡明译. 北京: 中国建筑工业出版社，2011.

然是社会的问题。由此，卡斯腾·哈里斯认为建筑的任务是恰当地诠释生活方式，任何建筑物都有其社会意义并通过形式、装饰来解释社会秩序。❶

其中，建筑对生活方式的恰当诠释有三层含义。首先，建筑的主要任务是诠释所处时代可取的生活方式：要求建筑师充分理解人们对建筑的需求，尤其是这种理解并非纯粹功能主义的。其次，对生活方式的"解释"是变化的，而非一成不变：生活本身并非透明得一眼就能指出其意义，这就需要我们做出解释，需要更新甚至颠覆之前所说的解释。再次，过去的生活方式会对建筑产生影响，例如建筑可从以前的生活方式中得到现在的标准等。

建筑物通过形式、装饰解释着社会秩序，是指建筑不仅提供建筑服务，还作为社会角色和机构的形象代表存在，"如果我们同意建筑应能反映出公共机构的功能，也就等于同意建筑有助于解释社会秩序的观点"，而装饰的社会功能示例更是随处可见，例如高大建筑物的正门通常更为隆重地被装饰。

台湾学者则在实践中推行"市民建筑"理念。建筑学者汉宝德的大乘建筑观针对台湾当代建筑发展存在的粗制滥造、空间商品化问题，对建筑本质、中国传统文化、当前世界的文化走向进行整体反省，被认为是"市民建筑"当前的最高表现。

在城市规划领域，为了弥补城市物质空间与社会系统研究领域之间的理论错位，基于对城市物质规划空间问题的反思，出现了城市规划社会学（The Sociology of Urban Planning）理论与实践探索。国际现代建筑会议（CIAM）第十小组（Team 10）提出，"城市的形态必须从生活本身的结构中发展起来"。❷希腊学者在 1968 年出版著作《人类聚居学》中也强调对人居

❶ 卡斯腾·哈里斯. 建筑的伦理功能 [M]. 申嘉，陈朝晖译. 北京：华夏出版社，2001.

❷ 张京祥，顾朝林，黄春晓. 城市规划的社会学思维 [J]. 规划师，2000，04: 98.

环境进行综合研究。这些观点都成为之后城市规划面向社会发展的理论基础。当代城市规划突破功能主义主流思想束缚重新认识人的主体地位，开始了多学科介入研究的多元化发展阶段，在多种层面上表现出作为一种社会规划的特征。

　　除了上述建筑社会学、城市规划社会学的进展，住宅社会学、景观社会学及乡土建筑研究等专题研究领域也已取得成果，这里不一一赘述。

　　在医院建筑领域，西方很多国家的医院建筑与社会发展呈现良性互动的一面（参见第 4 章"当代西方医院建筑：以英国、荷兰和德国为例"）。目前虽未有探讨医院建筑与医学社会关联的专题性研究或专著，但有许多医院建筑研究关注了来自医学社会的影响。

　　如英国研究现代医疗建筑演进的《五十年来的医疗建筑设计理念》❶ 及研究未来医疗建筑的《展望 2020：未来医疗环境》❷，都以医学社会发展为研究背景；再如荷兰医疗机构委员会（NBHI）的医院模型研究及其催生的"核心"医院（core hospital）和"大爆炸"医院（Big Bang）概念❸，均将医学社会的发展需求纳入医院建筑设计思考中。

　　我国主流医院建筑一直以"移植"西方经验为发展基础❹，本土研究投入严重不足，医院建筑一直非理性发展，提高医院建筑质量"尚有大量难题亟需解决"❺；其中医院建筑与社会发展的有限互动引发了诸多难题。如广泛存在的、被称为"正确设计、错误使用"的医院现代化空间形态与本土社会生活错位现象，以及社会多重因素影响下令建筑师产生技术无力感的等问题（参见第 5 章"'正确设计，错误使用'：管窥中国当代医院"）。

　　我们需要更新思维观念，把解决问题的视角拓展到专业

❶　Susan Francis, Rosemary Glanville, Ann Noble, Peter Scher. 50 years of ideas in health care buildings [M]. London: The Nuffield Trust, 1999.

❷　Susan Francis, Rosemary Glanville, Nuffield Trust. Building a 2020 vision: Future health care environments [M]. London: Stationery Office Books, 2001.

❸　郝晓赛. 荷兰医疗建筑观察解读 [J]. 建筑学报. 2012, 02: 68–73.

❹　刘玉龙. 中国近现代医疗建筑的演进——一种人本主义的趋势 [D]. 北京：清华大学. 2006.

❺　周颖. 从量的扩大到质的提高 [J]. 中国医院建筑与装备. 2015, 11: 14.

技术领域之外,向建筑社会学、规划社会学、住宅社会学和景观社会学等领域学习,将"医院建筑"与"医学社会"这两个过去在研究中分离、现实中却是统一体的研究对象放在一起观察研究,使那些因专业分离被忽略或被视为荒谬的部分明确化或合理化,修正为一种社会现实需要的存在,进而找出有效的解决方法。

我国主流医院建筑发展的"移植"历史和社会环境特点,使得从医学社会视角讨论医院建筑与医学社会的关联、厘清当代医院建筑问题的社会根源既具有现实意义,又具有理论意义。

4 写作思路与方法

为厘清医院建筑问题的社会根源,找到"医院建筑—医学社会"之间的互动关联,需要分析若干不同社会环境中各自的医院建筑特点,找到与这些特点相关的社会驱动因素,之后进行比较。而串起不同社会环境的有纵横两条线索:纵向的是同一地域、不同时代的社会环境变迁;横向的是同一时代、不同国家或地区的社会环境。

因此,本书首先重新阐释了不同时代的社会环境变迁中的中外医院建筑演进(第2~3章);之后,解读了同一时代(当代)、不同国家的医院建筑特点与社会驱动因素(第4~5章);在此基础上分析医院建筑问题的社会根源(第6章)、给出解决问题的方向与建议(第7章)。写作整体思路如图1-2所示。

在中外医院建筑史部分,首先结合医学社会背景重新阐释了中外医院建筑的演进(第2章"从为神而建到为人而建:

医院建筑社会简史"）。通过将历史上的医院建筑活动放在医学社会史中考察，认识医院建筑发展历史与医学社会变迁的关联。

正如前述陈志华教授所言，完整的建筑史包括建筑社会史与建筑本体史，本书中的中外医院建筑史部分是医院建筑社会史。目前国内的医院建筑史文献较少，除了期刊论文和三篇博士学位论文外❶，尚未见到医院建筑本体史或社会史类出版物。

国外医院建筑史类出版物众多，可以分为医院建筑发展史类出版物和设计思想回顾类出版物。有关中国医院建筑史的英文出版物有《为中国人而筑：1880 ～ 1920 年间的在华美国医院建设实践》❷ 及美国建筑师哈利·赫西（Harry Hussey）所著《我的欢乐与宫殿：在现代中国四十年的非正式回忆录》❸，其中部分内容详述了他在中国的医院建筑设计实践经历。

本书的中外医院建筑史部分以医学社会发展为主线串起医院建筑活动的叙述，穿插分析建筑活动与医学社会变迁的关联，分析建筑形式与空间变迁背后的社会生活变迁等种种曾经的与医院浑然一体的现实存在。

因此这部分不采取通史型写作策略，而是把医院的社会角色转变、宗教与医学主宰地位的转变、卫生需求对医院控制程度的转变、社会医疗需求解决方式的转变等借助个案描述予以串接铺陈，展示医院作为物质场所如何反映医学与社会文明的时代特征。这样写的好处之一是，可以为"通史型"写作中看似无关的历史场景建立起一种连续性的关联。

其次，撷取了我国清末民初社会变革频仍时期的医院建筑早期历史进行深入阐释。这是考虑了中国主流医院以移植西方医院为发展基础，我国医院建筑的早期历史 [第 3 章 "在中国建造西医院（1835-1928 年）"] 恰是医院建筑与社会关系

❶ 这三篇博士学位论文分别为：清华大学刘玉龙的《中国近现代医疗建筑的演进》（2006），清华大学郝晓赛的《医学社会学视野下的中国医院建筑研究》（2012），以及华南理工大学孙冰的《广东省医院建筑发展研究——1835 年至今》。

❷ Michelle Campbell Renshaw. Accommodating the Chinese: the American Hospital in China, 1880-1920[M]. New York: Routledge, 2005.

❸ Harry Hussey. My Pleasures and Palaces: and informal memoir of forty years in modern China [M]. New York: Doubleday & Company, Inc., 1968.

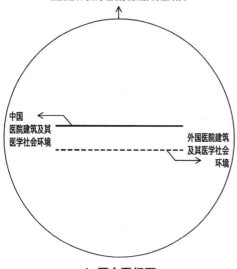

A- 两个平行面

不同医学社会环境的不同医院建筑特点

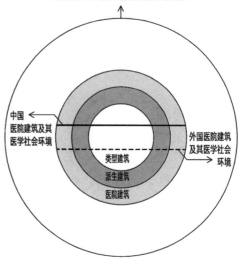

B-三个共同基础

医院建筑与各层次医学社会学要素的关联

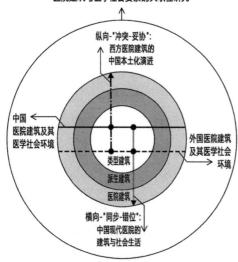

C- 纵横两条线索

不同医学社会环境的相同医院建筑模式
中国近现代医院建筑演进与社会生活变迁

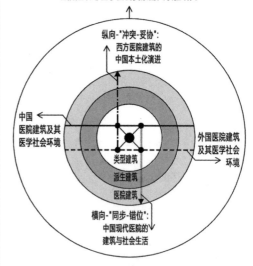

D- 结论

解读中国当代医院建筑发展现状的医学社会影响因子及机制
提出建议

图 1-2　写作思路

极端夸张的表现，通过描述源自西方的近现代医院建筑在中国本土化建造过程中的种种"冲突－妥协"，可以看到锐化后的"医院建筑－医学社会"关联。国内其他时期的发展情况分散在阐释西方当代医院建筑的章节进行比较叙述中（参见第 4 章第 2 节"英国医院建筑：理性经济派"，第 4 章第 3 节"荷兰医院建筑：医院的消隐"和第 4 章第 4 节"德国医院建筑：绿色的动力"）。

在中外当代医院建筑现状解读部分，首先围绕作者实地走访过的英国、荷兰和德国三个欧洲福利国家的医院建筑，分析西方当代医院建筑如何在各自的社会环境中形成了迥异的特色（第 4 章"当代西方医院建筑：以英国、荷兰和德国为例"）。

从中可以管窥西方（欧美）当代医院建筑的发展现状：基于多学科、多社会组织机构协作研究的理性发展方式，西方（欧美）医院建筑与医学社会要素紧密互动，除卫生需求外，医院建筑还回应了本土卫生体系需求，西方（欧美）医院建筑由此自 20 世纪末期以来，开始进入类型建筑发展新阶段，呈现协作化、分散化的多元发展态势。

之后，在对照西方当代医院建筑现状基础上，以"正确设计，错误使用"为主线，批判性地描述了当代国内医院建筑存在的种种问题。这部分基于作者近年来参与的国内医院建筑设计实践和理论研究工作所见，撷取了广泛存在于国内医院建筑中、在"全球化"背景下建筑模式与国际同步但医学社会环境发展不同步造成的错位现象，这些现象统称为"正确设计，错误使用"。其背后原因，直指本土"医院建筑—医学社会"互动关联研究缺失情况下，当代医院建筑发展未能与医疗服务提供体系充分结合的"小而全"或"大而全"式发展带来的种种弊端（第 5 章"'正确设计，错误使用'：管窥中国当代医院"）。

　　本书最后总结了从医学社会角度评判医院建筑设计的理论与方法，并给出了基于"医院建筑 – 医学社会"关联互动框架解决医院建筑设计问题的建议（第 6 章"用医学社会学诊治医院建筑"与第 7 章"走向关怀社会的医院建筑设计之路"）。

　　鉴于与医院建筑相关的医学社会内容属于社会学分支学科"医学社会学"的研究范围，因此，本书以医学社会学❶领域的研究成果作为研究医院建筑与医学社会互动关联的理论基础。

5　核心概念与几点说明

　　书中核心概念"医学社会学"、"中国"、"医院"和"医院建筑"界定如下：

　　（1）**医学社会学**　国内外学术界对医学社会学的定义也有多种不同表述，医学社会学也随之冠以医疗社会学、卫生社会学、保健社会学等不同名称，具体研究活动则没有明确区分。本书采用大陆首部医学社会学出版物中的定义："医学社会学，乃是对医学中的社会学问题和社会学中的医学问题的研究。"❷

　　（2）**中国**　"中国"一般理解为"中华人民共和国的简称"，而古今中外文献上"中国"含义众多。本书中既有"古、今"历时性内容，也有"中、外"对比性内容，作为一种新的理论视角，难以、也没有必要对"中国"各层含义下的医院建筑进行详尽无遗、包罗万象的研究。因此，本书"中国"取如下含义：

　　在医院建筑简史的古代与近代部分，"中国"取"中华民族"之义。中华民族是汉族以及蒙古族、回族、藏族、壮族、

❶　医学社会学起源于 20 世纪 40 年代。1948 年美国学者帕森斯（Talcott Parsons）首次对现代社会的疾病和医学及其社会作用进行了分析，自此医学社会逐渐被纳入社会学研究视野。如今，国外医学社会学的学科和研究发展较为成熟，目前美国已有 100 多所大学开设了医学社会学专业课程，并有很多大学设置医学社会学学位，医学社会学地位不断提高。很多欧洲国家和亚洲国家（如日本）也开展了医学社会学的教学与研究，国际社会学学会也设有专门的医学社会学研究委员会。在我国，医学社会学还是一门正在兴起与发展的学科，偏重于应用的"社会医学"研究种类远多于理论层面的"医学社会学"研究。

❷　H·恰范特，蔡勇美，刘宗秀，等. 医学社会学 [M]. 上海：上海人民出版社，1987.

维吾尔族等 55 个少数民族的集合体，中国医院即以汉民族医院为主体、包括各民族聚居地区医院在内的共同体。在当代医院建筑部分，"中国"取"中华人民共和国的简称"之义。

本书关注中国主流社会意识形态和医疗体制等医学社会因素与医院建筑的互动影响，因此与中国大陆体制不同的局部地区的医院不在关注范围内，如中国香港和澳门等地区；同样，与主体医院管理方式不同的军队医院也不在关注之列。因此，本书当代部分"中国医院"指的是中国大陆地区公立的、非军方管理的医院。

（3）**医院** 医学社会学的医院定义为：运用当代医学技术和设备为广大群众治病防病的场所，拥有一定数量病床、必要的检测治疗设备和相当数量的医务人员[1]；并指出医院具有福利性、公益性和生产经营性并存的属性。

我国历史上出现的"医院"是行政机构，并非现代含义的医疗服务场所，如南宋平江府碑图中标明为"医院"的场所；也存在过多种采用其他名称的、功能与现代医院接近的场所，如东汉"庵芦"（今军医院）、宋代"养病坊"（今医院）等。从纵向梳理发展脉络需要出发，本书中"医院"含义以医学社会学定义为主，并根据各时期发展情况在文中补充界定。

（4）**医院建筑** "医院建筑"指供医疗、护理病人用的公共建筑，是容纳社会功能部门医院的物质场所。建筑学领域常按照服务内容对医院建筑进行分类。根据服务内容不同，医院可分为科目较齐的综合医院和专门治疗某类疾病的专科医院两类；在中国，还有专门应用中国传统医学治疗疾病的中医院。[2]

此外，需要说明以下几点：

（1）**理论基础为医学社会学非社会医学** 医学社会学是社

[1] 胡继春. 医学社会学 [M]. 武汉：华中科技大学出版社，2005.

[2] 《综合医院建筑设计》编写组. 综合医院建筑设计 [M]. 北京：中国建筑工业出版社，1978.

会学的一个分支，以社会学学者为主体研究医疗领域中的社会问题，使用社会学的知识和研究方法解释、推论或预测人类的社会行为（表1-1）。医学社会学与建筑学领域中为提高建筑设计合理性与科学性而关注人类行为等目的一致，与本书写作目的一致。

　　社会医学则是应用社会学的知识和方法研究医学议题，以增进医疗服务品质和内容（如了解与改善医患关系），或提供给医疗机构（如医院）以提高医疗服务效率，或通过确认可能助长疾病的社会因素，为政策制定者设计适当的方案和政策提供参考资料，以改善居民的健康状况。社会医学以服务医学为目标，与本书写作的目的不一致。因此本书以医学社会学为理论基础而非社会医学。

与医院建筑研究关联密切的医学社会学研究　　　　　表 1-1

研究分类	研究内容
理论	1. 健康、疾病以及病人等概念的社会含义 2. 对医学领域中特有的社会人群的研究 3. 社会行为的研究 4. 社会关系的研究 5. 医院等医疗保健组织和机构的社会功能、卫生服务的社会模式研究
医学与社会文化的互动	1. 医学理论的发展、技术手段的更新以及医疗卫生领域的变革给社会的经济、政治、军事、宗教、法律、道德、文化习俗所带来的正面与负面影响等 2. 社会制度、社会改革、社会变迁、社会文化等因素对医学领域产生的作用 3. 健康与社会地位的关联研究 4. 医学社会史研究
医学实践的社会学研究	1. 流行病学研究

　　（2）研究对象为医院建筑而非医疗建筑　　本书选取医院建筑而非医疗建筑为写作对象。医疗建筑涵盖范围要比医院

建筑更为宽泛，既包括提供医疗服务的诊所和医院，也包括提供保健预防服务和护理性康复设施等❶，很多医疗建筑类型功能单一、研究意义不大。而医院不仅是医学社会学研究领域的主体对象之一，也是我国当前卫生服务提供体系的主体，医院内容复杂、容纳人群类型更多，因而更亟需进行批判性研究写作。

需要说明的是，本书以"医院建筑"为写作对象，实际也包含了对医院总体规划的讨论。这是因为医院总体规划是医院建筑生成的重要前提，在建筑单体设计工作开始前，需要将医疗服务体系转化为规划空间，并由此决定建筑的骨架、脉络、交通关系和生长关系❷。

（3）研究设计而非建筑本体和建设体系　本书写作所开展的"医院建筑研究"为"医院建筑设计的研究"❸，而非建筑本体的研究写作。这是因为，建筑本体研究指对建筑构造、建筑材料和建筑物理环境等医院建筑所采用的各类建筑技术的研究，这部分内容受社会人文因素影响最少。此外，医学社会学的研究角度，还意味着医院建设体系这部分内容也不在本书关注范围内。

因此，本书核心内容为"医学社会学视角的医院建筑研究"，其与相关研究领域的关系，如图 1-3 和图 1-4 所示。其中，将"历史与理论"与"设计及理论"纳入研究写作范围，而不选取"建筑技术科学"；此外，因为社会学美学研究不在医学社会学研究范围内，所以本书不含"美学"相关内容。

（4）搭建体系框架而非对专题展开讨论　目前，我国医疗建筑相关出版物以指导工程实践为目的居多，历史与理论类的少，其中国内学者对医院建筑的跨专业研究、系统性研究更少，期刊文献方面，热点内容以人性化、绿色、改扩建、

❶ 刘玉龙 . 中国近现代医疗建筑的演进——一种人本主义的趋势 [D]. 北京：清华大学，2006.

❷ 张娟 . 城市大型医院建设总体规划若干问题研究 [D]. 北京：清华大学，2004.

❸ 医院建筑设计研究指"为给医院建筑设计收集有效信息和提供有效方法，研究人员遵循特定认识论和方法论围绕医院建筑、设计过程和医院建设体系进行的系统性调查工作"。引自：郝晓赛 . 构筑建筑与社会需求的桥梁——英国现代医院建筑设计研究回顾（一）[J]. 世界建筑 . 2012，01：114.

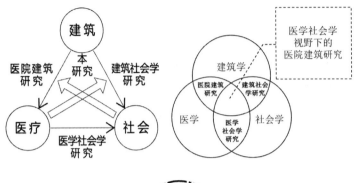

图 1-3 本书核心内容与相关研究领域关联图示

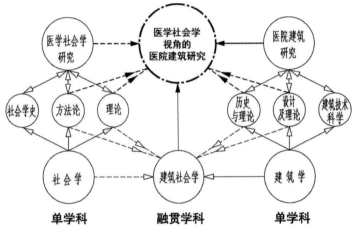

图 1-4 本书核心内容在学科体系中的位置图示

康复环境与公共空间设计、功能效率等为主。本书则为跨专业、系统性研究，深入探讨与医院建筑发展关联密切的社会因素，本书主要完成了以下研究工作：

一是从社会学视角对我国近现代医院建筑演进进行了系统性研究；二是从医学社会学角度研究了医院规划设计与医学社会各要素的关联互动，确定了该类研究的理论框架和范式，对既有研究中散布的社会学思考进行了明晰化、体系化与深化。

作为开拓型研究，本书以个案分析为支持依据、搭建"医院建筑—医学社会"关联体系框架。由于医院建筑专业与医学社会学专业研究领域的知识庞杂，医院实例繁多，受篇幅、本人研究能力与时间所限，本书尚未记录个案的深入跟踪调研，也未对所有关联机制展开深入讨论。

后续可开展以下研究：1）在"医院建筑－医学社会"研究框架中选择专题进行深化研究；2）对国际上与中国社会发展情况相仿国家进行对照研究；3）在对当代医院建筑进行广泛调研的同时，选取不同级别的典型医院建筑进行深度调研。欢迎大家和作者一起在未来研究和实践中对本书的观点和结论进行检验与修正。

第 2 章

从为神而建到为人而建：医院建筑社会简史

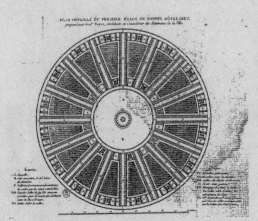

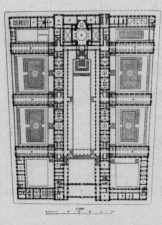

前页插图：

图 2-1　巴黎主宫医院重建方案。左：以小教堂为中心的辐射型方案平面图；右：最终实施的分散式单元平面图

波特指出，医学实际上是文化的组成部分，而非纯粹的、建立在事实之上的"价值中立"和"文化中立"式科学真理。❶中国近代意义医院建筑的出现与发展，大多是西方传教士或西方殖民者活动的副产品；当代主流医院建筑发展又以借鉴西方发达国家医院模式为基础，因此，研究中国医院建筑，有必要溯源，即观察与西方社会文化环境浑然一体的西方医院建筑的本来面貌。让我们先来看看西方医院发展的三个阶段。

1　西方医院建筑发展的三个阶段

从公认的医院雏形古希腊阿斯克雷庇亚斯（医神）神庙算起，医院已有 2400 多年历史，但医院的类型建筑（designed plan）历史只有短短 250 余年，之前医院开设在派生建筑（derived form）中。

什么是医院的派生建筑呢？指容纳了医院功能，但是以其他功能而非医疗功能为目的进行设计的建筑。医院的派生建筑主要有两种，第一种是为容纳医院功能借用的其他机构或其他功能类型的空建筑，如我国前现代社会医官用私家住宅兼作诊所药铺，在西方，神庙、教堂、贫民院、旅馆和客栈，都曾是提供早期医疗服务场所；第二种是专为医院建造，但建筑简单沿用了同时代其他机构或其他功能建筑的模式，而没有考虑根据医院功能特色进行针对性设计。

如中国传统医疗活动大都在居住空间进行，利用了传统居住建筑"间"的功能通用性；在西方，医院从宗教场所独立出来后，很长一段时期沿用了巴西利卡神殿建筑模式，即使作了些微改良，如不用染色的窗玻璃、建筑材料与装修相对

❶　罗伊·波特. 剑桥插图医学史 [M]. 张大庆译. 济南: 山东画报出版社, 2007.

简朴实用等，主体模式仍是派生物。

医院的类型建筑则是指针对医院功能设计建造的建筑。类型建筑主要有以下三个特征：1）出于卫生考虑进行建筑布局。如考虑了朝向、通风、给水排水等；2）平面设计便于医务人员监管和护理病人；3）确保建筑长期运营的经济性。

从概念界定中可知，医院类型建筑与派生建筑的区别不在于是否有建筑师。医院作为社会机构的历史要早于医院建筑类型化发展的历史，类型建筑在派生建筑后出现，但类型建筑出现后，派生建筑仍广泛存在。

例如在西医初传入我国时，虽然在西方已发展出医院的类型建筑，但限于条件西方传教医师仍在住处或租借民房接诊病患，在居住建筑中开办医院。此外，在医院类型建筑发展成熟，且已有优秀范例的情况下，受社会意识形态影响或设计观念滞后，一些建筑师仍将医院功能置于模拟其他类型建筑物的外壳中，创作出本质上是派生式的医院建筑设计。

在西方，医院的类型建筑于18世纪末期开始出现，我国本土没有发展出医院的类型建筑（见本章第2节"中国医院建筑发展的五个阶段"），近现代意义的医院建筑于清末民初随西方人在华医务传教、西学东渐而出现，这部分内容，详见第3章"在中国建造西医院（1835～1928年）"。在东方，医院同样随宗教广泛设立起来，到10世纪时伊斯兰宗教医院达34所；但由于东方宗教医院对我国医院建筑影响不大，这里略去不谈。

医学社会学研究中常把西方医院发展史分为四个阶段：1）作为宗教活动中心；2）作为贫民院；3）作为临终者之家；4）作为医学技术中心。❶

需要说明的是，在第一个阶段，战争也对西方医院发

❶ 威廉·科克汉姆. 医学社会学 [M]. 杨辉, 张拓红等译. 北京: 华夏出版社, 2000.

产生了重要影响。西方医院的起源与发展与宗教关系的确非常密切，不过战争也同样影响了西方医院发展，如医疗建筑本体史和医院发展史中都会记述的古罗马军医院和英国人南丁格尔（Florence Nightingale）参与建设的战地医院等。只是，本书第 1 章第 5 节说过，军队医院不在本书关注之列，因此，军队医院相关在本书中略去不讲，第一阶段仍采用医学社会学研究中的常用说法，视医院为宗教活动中心。

在医院发展的前三个阶段，即使独立医院出现之后，建筑仍主要是"为神而建"的派生式建筑，直到第四个阶段，医院逐渐获得重要的社会地位，开始"为医而建"，医院建筑才发展成独立的公共建筑类型、有了医院建筑设计理论。之后随着对"治病工厂"式医院的反思和人本观念出现，20 世纪末和 21 世纪初，医院建筑开始"为人而建"，发展出依托社会医疗体系协作的体系化医院建筑。

因此，西方医院建筑社会史可分为三个阶段："为神而建"的派生式建筑阶段，以类型化建筑为主的"为医而建"阶段，以及"为人而建"的体系化医院建筑阶段（图 2-2）。

在本章下文中，阐述"为神而建"和"为医而建"阶段的医院建筑社会史；"为人而建"阶段，放在第 4 章"当代西方医院建筑：以英国、荷兰和德国为例"中进行阐述。

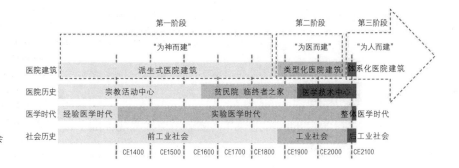

图 2-2 医院建筑社会史三阶段图示

1.1　为神而建：医院的派生式建筑

最早的医院雏形中，奉神与治疗共享同一空间。古希腊起源于公元前 5 世纪的阿斯克雷庇亚斯（医神）神庙（Greek Asclepion）被认为是最早的医院，公元前 3 世纪对阿斯克雷庇亚斯的信仰非常流行，众多朝圣者聚集在神庙中等待"解梦疗法"的治疗（图 2-3）。在古希腊阿斯克雷庇亚斯神殿中，就有为来自社会更高阶层的人士设置的单人间。❶

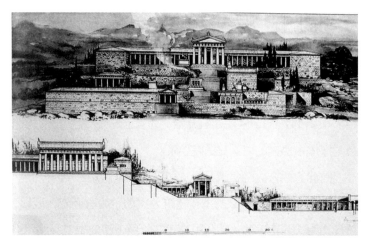

图 2-3　重建于公元 60 年的希腊科斯岛阿斯克雷庇亚斯神殿
（资料来源：波特，2007）

随着宗教的发展，中世纪医院作为宗教附属功能附设于修道院中。约 5 世纪至 13 世纪，大量的修道院医院在村子或城市边缘建造起来，作为慈善实体接济穷困者，既护理病弱之人的身体，也救助他们的灵魂。宗教人士修建医院，模仿修道院建造方便易行，因而很多医院病房采用了宗教建筑常用的巴西利卡建筑形式。如英格兰建于 1157 年左右的克吕尼修道院（Cluny monastery），病房为巴西利卡开敞大空间（图 2-4 中 A、B 处即是）。

12 世纪独立于教堂的医院出现❷，虽然用现代医院标准衡量的话，这些医院只能算作照顾低阶层病人的社区中心，

❶ Stephen Verderber, David J Fine. Healthcare architecture in an era of radical transformation [M]. New Haven, CT: Yale University Press, 2000.

❷ 英国在 1066 年"诺曼征服"（the Norman Conquest）后出现了首家独立医院，由大主教兰弗朗克（Archbishop Lanfranc）在坎特伯雷（Canterbury）主持建造，为圣约翰医院及其外围设置的麻风病医院。参见：http://www.buildinghistory.org/articles/heritagemercy2.shtml（2012-07-23）.

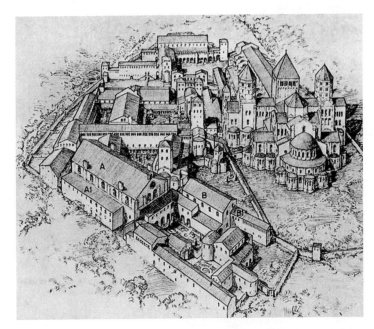

图 2-4　英格兰克吕尼修道院（资料来源：Thompson et al，1975）

而非真正意义上的医院。有些医院大部分医疗工作由教士和修女（并非接受专业培训的医生）监督完成，以护理为主而非诊治。医师独立于医院执业而非医院工作人员，类似偶尔到医院去的顾问角色。这些医院除了医疗外，还向低社会阶层民众提供食物、避难场所以及护理等 **❶**，行使了宽泛的社会功能。

医院建造资金来源和办院目的多样 **❷**，非宗教医院在建筑模式上受到作为医院主流的宗教医院影响，不同医院的建筑区别不大。有的是教皇下令建造的教区医院，如建于公元 651 年、巴黎圣母院附设的教堂医院，即主宫医院（Hotel-Dieu）（图 2-5）；有的是城邦王子向属民表明宗教虔诚捐建的慈善设施；有的是工会和兄弟会为贫病会员和其他穷人设立的；有的是富裕市民出于信仰尽自己财力建造；还有虔诚信徒出于慈悲善心捐建的。

13 世纪以后，西方医院的医疗空间完成了与一般慈善组

❶ 原文为："中世纪医院的基本功能是从事宗教活动，向穷人提供的慈善和福利服务，尤其是提供食物、避难所、礼拜堂、祷告以及护理"。引自：冯文. 美国医院发展史（1）[J]. 国外医学. 2000，2：59.

❷ John D Thompson，Grace Goldin. The Hospital: a social and architectural history [M]. New Haven: Yale University Press，1975.

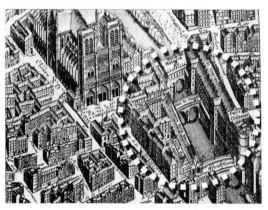

图2-5　法国巴黎主宫医院:左－鸟瞰(图中画圈部分,左侧为巴黎圣母院)(资料来源:Thompson et al, 1975);右－室内(资料来源:SHAFIE, 2005)

织的分离。到了14世纪中叶,早期用作小型救济院的医院进行改造、扩建和重建后扩大了规模。这些大规模建筑物建造的两个先决条件是:一是有相对和平的社会环境;二是有足够的金钱❶,中世纪早期具备了这两项条件。

教会医院的大型、开敞式病房模式,不仅影响到了世俗医院的建造,且流行了将近4个世纪之久。这类病房由四个区域组成:病床区域、祭坛区域、厨房区域和旱厕区域。病房区域继承了巴西利卡神殿的空间模式,围绕宗教仪式需求进行布局。组成医院的四个区域中,祭坛区必不可少,且居于中心位置。祭坛区的正下方设置太平间,正上方屋顶处设有高塔以统领建筑造型。

意大利建筑师还设计出了"十字形"病房平面:围绕中央祭坛(中央祭坛做弥撒时,周边病人都能听到)设置开敞病房,以解决病房纵向过长、监护不便的问题。此外,人们还发现十字中心处设置的开窗穹顶还能起到为病房排走污秽空气的作用。

13～15世纪,除了为社会高阶层病患设置条件更好的单间,为罹患麻风病、烈性传染病或精神病等特殊患者设置类似修道院牢房的单间外,出于道德角度和个人隐私考虑,许多

❶　John D Thompson, Grace Goldin. The Hospital: a social and architectural history [M]. New Haven: Yale University Press, 1975.

❶ 该医院自设计到最终实施完成，历经
350 年；达芬奇曾在这家医院中解剖过
尸体。

❷ John D Thompson, Grace Goldin. The
Hospital: a social and architectural history
[M]. New Haven: Yale University Press,
1975.

医院开始将开敞式大空间病房用隔断分隔为小间。随着医院规模扩大，医院开始分设男女护理单元，以双方共用空间——祭坛或教堂为中心对称布局。

当病人数量超出十字平面病房的容量时，就需要采用多单元平面解决问题。建筑师费拉雷特（Filarete，1400～1469 年）设计并发表于 1456 年的米兰马乔雷医院（Ospedale Maggiore）就是多单元平面医院的经典案例之一。❶ 这所医院于 1457 年投入使用，直至毁于第二次世界大战。

马乔雷医院的建筑设计，无论是卫生技术还是卫生设备方面都体现出了根本性创新，设计发表后被誉为世界最具影响力的六大医院建筑设计之一，影响了 18 世纪欧洲诸多医院建造。如图 2-6 所示，医院建筑平面正中间设置小教堂，两边的巨型十字单元，为分设的男女病房。

除了道德和个人隐私的考虑进行的空间分隔外，马乔雷医院还根据人群社会等级的不同进行了空间分隔。在平面图中，包围十字病房的正方形外围除了设置辅助用房外，也有专为社会上层士绅准备的私人病房。❷ 不同社会阶层者的尸体由医院运往墓地的路线也是分设的：低阶层者的尸体经由后门小桥（因此得名"穷人桥"）运出，而富贵者的从正门运出。

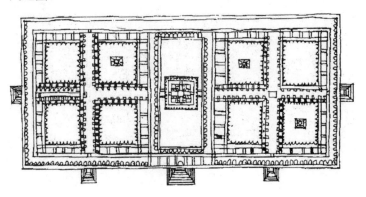

图 2-6　意大利米兰马乔雷医院设计图
（资料来源：Thompson et al，1975）

该时期医院建筑中，类似马乔雷医院这样的、针对社会不同阶层病患进行空间分隔设计的做法很常见。例如为上层士绅或富有阶层设置单人病房，为下层穷苦人士设置多人病房，为不同阶层病患分别设置厨房等辅助用房。St. Jacques du-Haut-Pas 临终者之家，免费的贫病者住在没有壁炉的底层多人间，付费的病患住楼上设有壁炉的单间。❶

医院建筑在平面几何中心设置祭坛区的模式，除了早期的十字形（cross-shaped）平面和多单元平面外，在 18 世纪还出现了辐射状平面（图 2-7），将祭坛区为中心的平面设计做到了极致。

但医院的功能毕竟与教堂或修道院这类宗教设施很不同，为便于医院日常生活和运营，即便承袭了宗教常用的巴西利卡神殿空间模式的医院，也显现出了不同于宗教建筑的世俗特征与空间特征。

❶ John D Thompson, Grace Goldin. The Hospital: a social and architectural history [M]. New Haven: Yale University Press, 1975.

图 2-7　上左：1774 年的主宫医院方案；上右：Bernard Poyet 的主宫医院方案。位于两方案建筑平面中心的，均为小教堂。下图：Bernard Poyet 的方案立面与剖面图（资料来源：Thompson et al，1975）

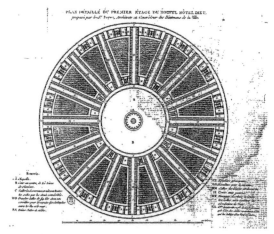

❶ 迪特·施夫奇科. 欧洲医院建筑史 [J]. 世界建筑. 2010, 3: 16.

　　首先，大规模医院选址时会考虑卫生需求，建在河流附近或者市郊区域，以便用水和排放废物等 ❶。这方面的案例有法国托内尔（Tonnerre）的冯特尼耶圣母医院（Hopital Notre Dame des Fontenilles）、米兰马乔雷医院和英格兰约克郡（Yorkshire）的喷泉修道院（Fountains Abbey）医院等。

　　其次，医院的建筑空间与细部以功能和实用为主。在空间布局方面，医院的神殿式开敞空间里会为麻风病人和鼠疫病人等特殊病人设置隔离间；在细部设计上，医院不同区域位置的窗户呈现出与功能关联的设计，如祭坛区的窗户用染色玻璃，而病床区的窗户则用无色玻璃；此外，医院建筑的材料、柱式和装饰与教堂相比要简陋得多。例如，建造于 1210 年的法国 Ourscamp 修道院医院，其三层窗的功能设计相当经典（图 2-8）。在每个立面单元中，上面的玫瑰窗和中部两个窗格是不可开启的，但能提供大空间纵深采光，靠近地面、在人可控范围内的三扇窗则可以开启通风。

　　最后，出于维持日常生活和运营的经济考虑，世俗化的医院建筑中功能布局更为灵活。城市医院在二层及以上布置病房、设置主体功能，首层除用作储藏室和厨房等辅助用房外，沿街房屋常出租作商店。例如希腊罗兹（Rhodes）第二骑士

图 2-8　法国 Ourscamp 修道院医院

医院（Second Hospital of the Knights，1440～1489年）首层就出租用作开商店，"这不是首例也并非最后一例用这种方式赚钱的医院" ❶；在米兰马乔雷医院，地下室用作厨房、洗衣房，半地下室临街部分也出租作为商店。

郊区的医院常有农田，并设有谷仓和商店。郊区医院常被馈赠于田产，医院收取租金和粮食以维持运营，为贫病者提供食物；医院设置储藏粮食、豆类等农场作物的谷仓，任何闲置的医院土地都会用作菜园或果园。

15世纪末，一个广阔的医院网络已经遍布西欧，14～16世纪的欧洲文艺复兴与基督教改革运动（约1517～1648年），使世俗社会权威逐渐控制医院，医院宗教特征逐渐消失。成为世俗社会运营的"贫民院"和"临终者之家"后，欧洲医院开始进入衰落期。

在教会医院、修道院医院被关闭破坏后，收容贫病者的社会需求仍然存在。以英国为例，1536～1544年8年间，伦敦因缺乏社会救助设施，乞丐、残疾人士，退伍伤兵等流浪街头，最后在地方权威请求下，政府不得不下令重新开放城市医院。创建于1123年的圣巴塞洛缪（St. Bartholomew）医院，以及创建于1173年前的圣托马斯（St. Thomas）医院和贝特伦（Bethlem）医院，在社会资金支持下重新启用，变身为收容贫病无家可归者的"社会仓库"。

这一时期的欧洲医院建筑，由于继承了宗教附属设施的建筑遗产，再加上受到了文艺复兴建筑风格的影响，以庄严的宫殿般的华丽外观为特征，披着古典主义的建筑外衣，由对称、轴线布局和整齐立面主宰着，与容纳贫病者的实际社会功能反差巨大（图2-9）。这些医院建筑无论是从功能的角度，还是从建筑形式的角度评判，都不值得称道。

❶ John D Thompson, Grace Goldin. The Hospital: a social and architectural history [M]. New Haven: Yale University Press, 1975.

❶ John D Thompson, Grace Goldin. The Hospital: a social and architectural history [M]. New Haven: Yale University Press, 1975.

18 世纪的法国建筑学家劳吉埃（Marc Antoine Laugier）对这些欧洲医院建筑评论道："给穷人使用的房子本应当节俭些"，"房子太过漂亮……会丧失对人们慈善爱心的吸引力，……穷人应当住在与之相称的房子里"。❶

此时医院已由社会资金承担运营和建造费用，出于缩减经费的目的，新建造的医院开始转向更为日常化、更为经济实用的建筑形式，"为神而建"的宫殿般医院时代至此终结。

图 2-9　圣托马斯医院（资料来源：Thompson et al，1975）

1.2 为医而建：医院的类型化建筑

医生在 17 世纪获得了对医学知识的垄断地位，新医学技术要求更多昂贵的设备集中到医院里为更多医生所用，医院成了最先进的医学技术中心。由此，医院从作为宗教衍生物、"为神而建"的附属机构，转变为治病救人、"为医而建"的独立社会机构。

19 世纪早期，医院开始具备了现代医院的社会功能，在 19 世纪末期，医院成了社会各阶层病人期望得到最高质量医疗保健服务的机构；到 20 世纪时，医院成了社会解决健康和疾病问题的主要场所。[1] 医院中非医学的社会任务开始消失。作为医学技术中心，医院因控制感染技术的发展而变得清洁和通风。一些卫生措施，如隔离传染病人、医生要洗手和更衣，以及使用手术口罩等成为医疗常规。住院病人的康复时间缩短，死亡率也大大降低。协助医生的医务人员经过系统培训后水平明显提高，如护士和实验室技术人员，他们用专门技术协助医生进行诊断和治疗。

医院建造目的从"为神而建"转向"为医而建"后，建筑设计的重点也随之从满足宗教仪式需求转向满足医学需求，为更好地诊治病人提供适宜场所。随着欧洲文艺复兴后自然科学的发展，人们开始运用更为科学的方法考察和设计医院建筑，医院建筑自此开始了类型化发展，形成有别于其他类型建筑的特征。当然，医院建筑的设计革新不是一蹴而就的，"为医而建"的早期医院留有"为神而建"的痕迹。

这类如鸭嘴兽般处于过渡阶段的医院典型案例，非德国班贝格公共医院（Allgemeinen Krankenhauses Bamberg）莫属（图 2-10）。该医院建于 1787～1789 年，建造目的是"献给慈

[1] 威廉·科克汉姆. 医学社会学 [M]. 杨辉，张拓红 等译. 北京：华夏出版社，2000.

图 2-10　德国班贝格公共医院（资料来源：Thompson et al，1975）

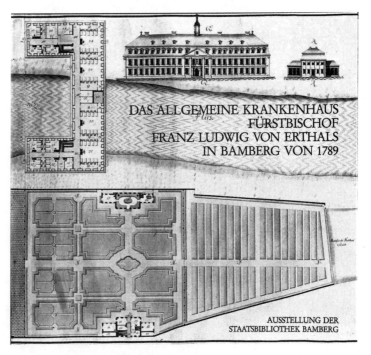

善和医学的殿堂"❶，容纳外科手术用房和 120 床的病房。

　　班贝格公共医院的建筑设计一方面表现出"为医而建"的特点：医院创办者、采邑主教（prince-bishop）弗兰茨·路德维希·冯·埃塔尔（Franz Ludwig von Erthal）在推动医疗诊断进步方面取得过成就，他首次根据症状将患者区分为可治愈者和慢性病患者，并将该分类管理方法与新医院的设计建造结合起来。该医院没有采用中世纪的开敞式病房，而是采用了用走廊连接小开间病房的布局。此外，在两间病房之间设置卫生间也是该医院的创新设计，被视为该时期的典范之作。

　　班贝格公共医院建筑设计中"为神而建"的痕迹则表现为：屋顶凸出的小塔，标记着下方、位于二层和三层平面对称线上的小教堂位置，小教堂两侧分设男女病房。只是从外观上看，医院和教堂已浑然为一体，不似之前宗教医院那样区分明显，班贝格公共医院的病人在病床上也无法望弥撒，福音只能透

❶ John D Thompson, Grace Goldin. The Hospital: a social and architectural history [M]. New Haven: Yale University Press, 1975.

过门传送过来。

作为创新性医院建筑设计实践的典范，贝格公共医院毕竟是少数，大量的欧洲医院仍然沿用了中世纪的大型开敞病房模式及十字平面的多病房单元平面。这类大型医院不断暴露出各种使用问题而急需改善，法国巴黎主宫医院（Hotel-Dieu）即为其一。❶ 1772 年一场意外的大火焚毁了巴黎主宫医院，之后，多名建筑师提交了重建方案（图 2-7），以达到控制院内卫生、促进治疗的目的，这些方案承袭了宗教医院的模式。

而 18 世纪末期的欧洲已从礼俗社会向工业社会转变，贵族和宗教特权不断受到自由主义政治组织及街头抗议民众的冲击，传统封建观念也逐渐被全新的天赋人权、三权分立等新思想取代。受当时法国社会思潮影响，医院重建的决策者——法国科学院委员会在慎重考虑后，最终放弃了这些设立中心、建立医疗权力等级的辐射型方案。1785 年巴黎主宫医院全面改建时，采用了能容纳 2600 张病床、无等级、无中心的分散式单元平面设计方案（图 2-11），医院分为若干单元，每单元有一名院长负责。这在当时尚为新概念，表明了社会对医院

❶ 原文为："1760 年前后，巴黎的主宫医院（Hotel-Dieu）暴露出了这类仅凭扩大面积建成大医院的缺陷，大房间内缺少卫生技术设施，却不得不超负荷接收 2500 名病人"，引自：迪特·施夫奇科. 欧洲医院建筑史 [J]. 世界建筑. 2010，03: 17.

图 2-11 法国巴黎主宫医院（1866～1878年）（资料来源: 右图 -Mens et al, 2010）

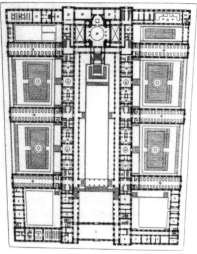

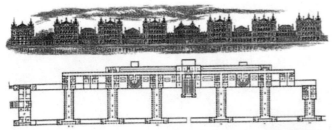

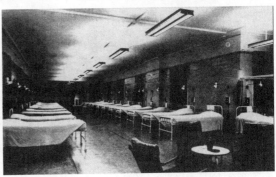

图 2-12 左 - 英国伦敦圣托马斯（St. Thomas's）医院，1871 年；右上 - 英格兰赫伯特（Herbert）医院，1859 ～ 1864 年（资料来源：Thompson et al，1975）；右下 - 南丁格尔式病房室内（资料来源：Rosenfield，1969）

观念的根本性改变。

18 世纪中期，结合巴黎主宫医院的设计理念，并纳入新的卫生需求后，医院的类型建筑逐步发展成型了，即广厅式（Pavilion）医院，也叫南丁格尔式医院。这种医院模式盛行 200 多年后，直到最近才退出历史舞台。❶

这类医院之所以称之为广厅式（Pavilion），与病房空间的大规模、高敞相关，那么为什么又叫南丁格尔医院呢？这是以英国著名女护士南丁格尔（Florence Nightingale，1820 ～ 1910 年）的名字命名的。南丁格尔在欧洲克里米亚战争（Crimean War，1853 ～ 1856 年）中获得盛名：她呼吁建造的、由英国工程师伊桑巴德·金顿·布鲁内尔（Isambard Kingdom Brunel，1806 ～ 1859 年）设计的装配式 Renkioi 战地医院，将原战地医院中 42% 的病患致死率降到了不到 3%❷！令人震惊的消息传出后，医院建筑需要针对卫生需求进行设计开始广受重视。

南丁格尔著有《医院扎记》（Notes on Hospitals，1859 年）

❶ John D Thompson, Grace Goldin. The Hospital: a social and architectural history [M]. New Haven: Yale University Press, 1975.

❷ 参见维基百科南丁格尔（Florence Nightingale）词条：https://en.wikipedia.org/wiki/Florence_Nightingale#Hospitals。参见：John D Thompson, Grace Goldin. The Hospital: a social and architectural history[M]. New Haven: Yale University Press, 1975.

和《护理札记》（Notes on Nursing，1858 年）两本书，书中除了护理实践等议题，南丁格尔还写了对医院建筑的看法。她通过实践观察，以卫生洁净的空气需要、提升医疗效率等目的，提出过一系列医院建筑设计观点，在这些观念影响下，广厅医院开始盛行，医院也因此被称"南丁格尔式医院"。

南丁格尔式医院建筑有如下特点：大空间开敞式病房，病房两侧的长向墙体开窗通风、短向墙体设门；各病房设置辅助房间，形成具有独立功能的护理单元；医院主要由这些护理单元通过连廊连接而成（图 2-12）。南丁格尔式医院建筑针对当时对医院的卫生需求认知设计建造，没有沿袭早期医院"为神而建"、围绕宗教仪式需求进行布局的空间模式，彻底摆脱了早期宗教附属设施的痕迹。

南丁格尔式医院建筑在世界范围内广泛应用。19 世纪末我国国门被迫打开时，由西方传入的西医院建筑即为南丁格尔式；到第二次世界大战初期，美国军医院的建设仍采用了南丁格尔式。❶

甚至在现代医院建筑模式出现后，南丁格尔式医院建筑仍以其良好的建筑用户体验而持存：英国国立医疗建筑研究所（Medical Architecture Research Unit，MARU）受圣托马斯医院（St. Thomas Hospital）所托，为医院各时期病房进行用户建筑环境满意度调研，结果表明，现代医院建筑设计以功能效率为目的，忽视了使用者的环境感受，反倒不如南丁格尔式病房综合满意度高。❷

南丁格尔式医院建筑之所以成为影响深远的医院模式，在于它并非那种解决某个具体项目问题的建筑设计，而是解决了医院都会遇到的卫生需求这类普遍性问题的建筑设计，因而对医院建筑这个文明的共同体产生了转折性影响。❸

❶ Stephen Verderber, David J Fine. Healthcare architecture in an era of radical transformation [M]. New Haven, CT: Yale University Press, 2000.

❷ MARU. Ward evaluation: St Thomas' Hospital[R]. London: MARU, 1977.

❸ 参见作者拙文：郝晓赛. 设计反映愿景：医院建筑研究中的典范分析与启示 [J]. 城市建筑. 2017，09：35-39.

南丁格尔式医院建筑是第一代真正现代意义上的医院规划设计。南丁格尔强调功能在形式之上，比芝加哥建筑师路易斯·沙利文（Louis Sullivan）提出的"形式追随功能"❶要早 20 年。不过，多数南丁格尔式医院的外观，仍是 19 世纪中期的新古典主义形式，南丁格尔的医院建筑规划思想影响主要在建筑功能布局和设计原则上。

1.3　为人而建：医院的体系化建筑

医院建筑类型化发展后，在建筑现代化思潮影响下，医院建筑于 20 世纪 20 年代进入了现代发展阶段。国际主义建筑风格广受医院建设者们的青睐，被他们视为与高科技医学最完美匹配的建筑表现形式。❷

19 世纪 80 年代末，随着电灯和电梯等设施的出现，使得病房平面既可以水平向紧靠在一起不必担心采光问题，又可以垂直向叠加，不必担心交通运输等问题；大跨结构体系、先进的暖通空调体系（HVAC），使得这些医院可以采用大体量、大进深的建筑设计，可以用大量黑房间开展医疗活动。由此，南丁格尔医院模式开始变化。

例如，图 2-13 所示为 1935 年开业的 1200 张病床的法国博容医院（Beaujon Hospital），病房分为拥有 16 张床的大病房（端部是肺结核患者晒太阳的阳台）以及重病人用的单人间两种，平面图中可以看到电梯厅。

第二次世界大战结束后的数十年，是世界多个国家医院大建设的年代（参见本章第 2 节"中国医院建筑发展的五个阶段"和第 4 章"当代西方医院建筑：以英国、荷兰和德国为例"）。同时，医院趋向专业化发展，建筑设计以分区的方式容纳着这些新形成的部门组团，每个组团都有独特的平面设

❶ 路易斯·沙利文的这句话引自发表于 1896 年的《高层办公大楼在艺术方面的考虑》（The Tall Office Building Artistically Considered）。

❷ Stephen Verderber, David J Fine. Healthcare architecture in an era of radical transformation [M]. New Haven, CT: Yale University Press, 2000.

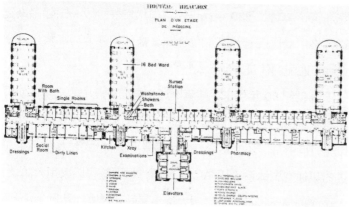

图2-13 法国克利希的博容医院（Beaujon Hospital, Clichy）（资料来源：上-Mens et al, 2010; 下-Thompson et al, 1975）

计条件，以便开展诊断、治疗、管理、物流供应等功能，医院的规模和复杂程度呈指数般地上涨。

大医院（Megahospital）发展的顶峰，是采用了"通用空间"（universal space）和"伺服间层"（interstitial floor，也叫"设备间层"）做法的医院建筑设计，这类建筑设计始于20世纪60年代，终于20世纪80年代。这些相似的、巨大的、航空母舰版的医疗中心，在20世纪90年代医疗体系开始变革的年代，刚开业不久就已经落伍，被视为工业时代医疗体系的错误建设。

例如，容纳800张病床、设计建造于1963～1969年的英国格林尼治地区医院（Greenwich District Hospital）；容纳约 1000 张病床、设计建造于 1968～1981 年的荷兰阿姆斯特丹 Academisch Medisch Centrum 医院；容纳约 610 张病床、设计于 1970～1972 年的美国伍德赫尔医学和心理健康中心（Woodhull Medical and Mental Health Center）；容纳 1050 张病床、设计于 1985 年的美国休斯敦退伍军人医疗中心（Veterans Administration Medical Center）等一批医院，就是这类大医院（Megahospital）。其中由加拿大蔡德勒建筑师事务所设计于 1966～1972 年的加拿大麦克马斯特大学健康科学中心（McMaster University Health Sciences Center）更是这类医院中饱受非议的一个（图 2-14）。

　　大医院（Megahospital）像磁铁一般，以效率的名义，把卫生保健服务体系中所有可能的服务都吸纳了进去。为了解决大医院集中大量病患后的交叉感染问题，以及病患在被切割的诊疗服务之间移动的距离过长等问题，除了应对未来变化的大医院的"伺服间层"医院建筑设计外，1969 年，建筑师还提出了在医院中通过"病人胶囊"（Prototype Patient Capsule）

图 2-14　加拿大麦克马斯特大学健康科学中心（资料来源：V. Stephen et al, 2000）

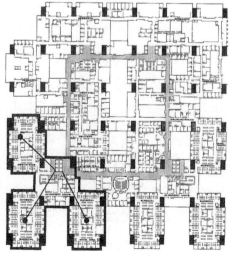

往返运送病人的设想（图 2-15）。

对大医院（Megahospital）建设的反思，加上近年来医学信息科技的发展，以及为控制快速上涨的社会卫生保健费用，很多国家开始将医疗服务重心从医院向家庭和社区转移，强调医疗服务网络的社会协作。例如，1999 年，英国为未来 20 年医疗建筑发展制订战略开展研究，出版了《展望 2020：未来医疗环境》。❶ 该研究在深入了解医疗保健业和建造业发展基础上，审视了医疗服务和设计领域近年来的问题，结合未来医疗环境的发展，提出了打破医疗机构各自为营提供医疗服务的传统模式，提倡发展社会协作来保障民众健康的建议。

英国当代医院规划也对局限于单块用地，仅靠改扩建解决短期需求的传统思路进行了反思。新的医院规划提倡在区域医疗服务发展战略框架内，通过对区域内现有医院进行总体建筑评估来确定单个地块的未来规划方案等❷，医院规划新概念与传统概念比视野更广阔，需要承载更多。

受此影响，传统医院概念开始消解。英国的日间治疗和诊断中心与传统医院毗邻而设，病人手术当天即可出院，因此又称为"无病床医院"，大大减少了传统医院的床位数。❸ 随着日间诊疗快速发展和住院天数缩减，医院床位数不再是衡量医院总体规模的有力指标，医院功能构成需要根据区域卫生需求灵活配置，也难以存在统一的指标规定。

再如，荷兰卫生保健提供体系中各级服务依据病人就医路径（非急症）实现无缝衔接，医院的医疗服务正从以医学专业区分的传统模式转向以病人核心疗程为中心的新模式，因此建筑空间组织需要打破工业时代门诊、医技和住院部"三分式"的传统布局方式。❹

图 2-15 大型医院用来输送病人"病人胶囊"图示（资料来源：V. Stephen et al, 2000）

❶ Susan Francis, Rosemary Glanville, Nuffield Trust. Building a 2020 vision: Future health care environments[M]. London: Stationery Office Books, 2001.

❷ NHS Estates, Developing an estate strategy, London, 2005.

❸ 黄丽洁. 从 Central Middlesex 医院的 ACAD、BECaD 模式看英国的地区综合医院结构重组 [J]. 城市建筑. 2009, 7:35-36.

❹ 郝晓赛. 荷兰医疗建筑观察解读[J]. 建筑学报. 2012, 02: 68-73.

可以说，进入 21 世纪后，医院在西方国家仍是社会的医学技术中心，但开始被视为"病人核心疗程"所需卫生服务供给体系的组成部分，需要与其他机构开展社会协作来满足社会的医疗需求。由此一来，医院的建筑设计除回应单个机构的卫生服务需求外，还要回应卫生体系等的需求。医院建筑由此从"为医而建"转向"为人而建"，进入体系化医院建筑发展阶段。

在第 4 章"当代西方医院建筑：以英国、荷兰和德国为例"中将详细解读不同社会环境中，作为卫生服务供给体系组成部分的医院的建筑设计特点。

2　中国医院建筑发展的五个阶段

我国医院建筑各阶段发展文献与实物遗存的丰富程度不一，有实物遗存和图纸资料可考的医院建筑始于清末。❶ 此外，目前国内医院史研究以医学界学者为研究主体，成果集中在文献资料的挖掘、收集与梳理，存有研究内容不平衡性和局限性的问题❷。

因此，本小节中国医院建筑发展的分期，以医院史为基础又不完全依从医院史，而是分为"汉至清"、"清末"、"近代"、"计划经济时代"和"医改后 40 年"五个阶段进行叙述。

2.1　汉至清代医院：官办机构与民间慈善事业

根据文献记载，我国医院历史可以追溯到公元前 7 世纪的春秋时期。《管子·入国篇》中描述的"养疾"院，普遍被认为是我国古代医院雏形。李约瑟（Dr. Joseph Needham，1900 ~ 1995 年）认为，我国较为完整体现现代概念的医院至

❶ 清末至 20 世纪 80 年代的医院建造情况，可参见附录 A 医学社会与医院建筑编年简表（1835 ~ 1985 年）。

❷ 苏全有，邹宝刚. 对近代中国医院史研究的回顾与反思 [J]. 南京中医药大学学报：社会科学版 . 2011, 01: 34.

迟于汉代出现。❶ 汉末、两晋到南北朝时期，随着佛教传入，精通医术的僧侣所在的寺庙成了民众求医场所，随后政府和贵族也效法在各地建立了类似的医疗设施。

我国医院在隋唐时期空前繁荣，宋代医院则呈现出规模大、管理严和种类多的新特点。文载北宋苏东坡在 1089 年任职杭州时，在杭州主导创立政府医院并为之捐助丰厚资金，成为其他城市之典范。❷ 而医学史上最早有实物可考的医院，也出现在宋代：苏州《平江图》碑刻中，明确标示着一家"医院"，就是这类官办机构（图 2-16）。

刻于南宋绍定二年（1229 年）的《平江图》中，"医院"二字与惠民局、提干厅、检法厅、监酒厅、钤辖厅等衙署相邻，被认为是"中国医学史上定名为'医院'而有实物可靠的最早的一所医院"，约建于公元 1208 ~ 1224 年。❸

在元代，我国疆域得以扩张，中外医药交流频繁，以阿拉伯疗法为主的民族医院开始出现。该时期的欧洲医学尚未发展成熟，不足以对我国传统医学的主流地位产生影响。❹ 明中叶，西方商人和传教士入华带来了西医学。1577 年澳门成为中国领土上最早的外国租界地，澳门主教加奈罗（Melchior, Carnero）在澳门设立了教会医院。

明末清初出现了由私人运作的地区慈善性质的诊所。地方精英使医疗摆脱了皇权控制的模式，成为一种"地方性事务"，但这些诊所体制仍属传统慈善事业的组成部分。

20 世纪之前，我国未建立由国家统一控制的医疗保健制度和机构体系。但"历史上中国并不是不重视医疗卫生的国家，例如早在 11 世纪的宋代中央政府及后来的元政府，都明确地认定医疗卫生是国家的责任，故而积极地规划医政，培养医疗人力，修订医籍以为国家抡才（医官）之标准课程，重视

❶ 李约瑟（Dr. Joseph Needham, 1900 ~ 1995 年）认为中国至少在汉代（公元前 202 ~ 公元 220 年）就已经出现了关于医院的较为完整的概念。参见：杨念群. 再造"病人" [M]. 北京：中国人民大学出版社，2006.

❷ 杨念群. 再造"病人" [M]. 北京：中国人民大学出版社，2006-03.

❸ 俞志高. 我国医史上最早的一所"医院" [J]. 江苏中医杂志. 1986, 04: 37.

❹ 王金荣. 中国古代的医院 [J]. 医院管理. 1984, 03: 49.

医疗保民的职责"。❶

传统社会中的医院机构大多附属于太医院体系，"中国传统社会的医事制度基本上是围绕王权的需要而设置的"。❷ 由于机构职能所限，古代医院难以大规模为平民提供医疗服务，即使"施医给药"于平民，也是从古代慈善网络的功能出发，而非近代意义医院的社会功能表现。

清末前我国医疗活动的主流是中医学，而中医控制边界具有模糊性。这种模糊性表现在：1）中医医疗空间与日常生活空间是融合的；2）中医的医疗知识和儒学传统结合在一起，对所有研究经典的人士开放，这些人士不可能垄断医学知识并在制度职能上使之趋于专门化。因此，中医的医疗活动"并不具有独特的现代管理式的隐秘性"。❸

传统文化赋予中医"仁""孝"的道德追求，使中医的医疗活动成为地方社区活动的组成部分。我国传统的儒士文化，赋予了中医类似西方早期医疗活动所具有的宗教情怀，传统文人需要借助医学训练实现道德优势❹。这样的理想追求，使传统的医疗活动并不单纯为疗治身体的行为，也成为地方社区活动的组成部分。

汉至清末前中医的医疗场所分两种。一种是大量的、分散式医疗服务场所。民众日常患病一般由医生上门问诊，或医院仅作为病患前去问诊的类似门诊的场所，求医问药后，病患回到家中，而非住在医院继续治疗至康复。居住场所由此成为传统医疗活动开展的主场所。

另一种是少量的、集中式场所。如瘟疫期间为传染病患提供隔离医疗服务的场所，或收容贫病老者慈善设施的附属服务场所，或宗教场所中旅人香客居留设施的附属服务场所等。这类集中医疗服务一般使用寺庙附属用房、民宅或宫殿

❶ 张苙云. 医疗与社会：医疗社会学的探索 [M]. 第 3 版. 台北：巨流图书公司，2004.

❷ 杨念群. 再造"病人" [M]. 北京：中国人民大学出版社，2006.

❸ 杨念群. 再造"病人" [M]. 北京：中国人民大学出版社，2006.

❹ 例如，范仲淹曾经说过："夫能行救人利物之心者，莫如良医。果能为良医也，上以疗君亲之疾，下以救贫民之厄，中以保身长全。在下能及大小生民者，舍夫良医，则未之有也"。引自：李海燕. 2003. 儒家伦理与传统医德. 武汉科技大学学报（社会科学版），（04）：34.

附属用房等。

　　无论是分散式还是集中式，中医医疗活动使用的建筑与传统居住建筑在形制与空间组织上并无区分，属于派生式建筑（"派生式建筑"概念详见本章第1节）。直到清代，我国"绝大多数建筑的单体平面与形体构图之简单，仅仅相当于西方建筑的希腊时期，而没有西方建筑从罗马时期以后在功能和类型基础上不断发展成熟的复合构图和构图理论"。❶再加上面向王权的医事制度受众少、传统医学控制边界的模糊性，我国中医医疗活动场所未演化成独立的建筑类型。中医活动的开展利用了中国传统建筑"间"及其功能通用性。

　　史料中鲜有施行中医活动场所的建筑信息。例如，著名清史研究专家戴逸的著作《乾隆帝及其时代》中"北京城市建设"一章，记述这位"好兴土木"的乾隆皇帝长达60年的建设活动，长达68页的篇幅中，只字未涉及医院。胡世德《北京建筑的特点和发展》一文中有一句："明代1442年在大明门以东建太医院，专为皇家官府服务，大堂面宽五间，其后有二堂、三堂"。❷

　　地图上倒是能找到相关标识（图2-16、图2-17）。明代北京城地图中，大明门东侧标识出了太医院位置；清乾隆十五年（公元1750年）的北京地图中，仍可看到大清门（原大明门位置）东侧清晰地标识着太医院，与兵部、工部、户部、宗人府、户部、礼部及翰林院等相毗邻，东侧为天主堂。南宋《平江图》中的苏州具有纵贯全城的中轴线，图中医院与明清北京城太医院位置相似，也位于城市中轴线东南，靠近城市中心位置，并临近官衙或宫殿。传统社会中，建筑物在王权社会中的重要性显示在城市位置上，医院与官衙或宫殿一起置于重要位

❶ 赖德霖. 梁思成"建筑可译论"之前的中国实践 [J]. 建筑师. 2009, 01: 29.

❷ 胡世德. 北京建筑的特点和发展（续1）[J]. 建筑技术. 2004, 34（2）: 146.

图 2-16　平江府碑图中的医院。左：医院平面；右：平江府碑图（墨点处为该医院）

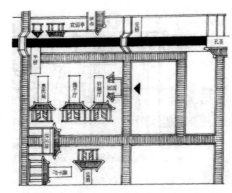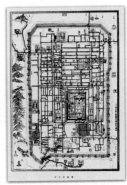

图 2-17　北京城地图中的太医院（墨点位置为太医院）。左：万历至崇祯年间；右：清乾隆十五年

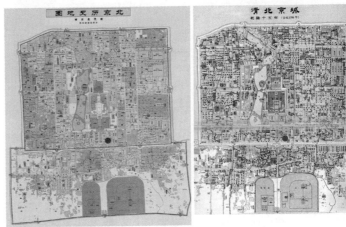

置，是医院的王权服务机构这一社会角色在城市空间中的物质化表达。

2.2　清末的西医院：作为传教与殖民服务场所

清代末年传统王权统治式微，随着一系列外辱事件发生和不平等条约签订，日趋没落的清王朝被迫将国门一步步开放。起源于西方工业社会的医院类型化建筑，随医务传道、沿着开埠城市的时空布局，从东向中、从南往北，逐渐扩散到中华腹地、"移植"到我国国土上。

中国大陆近代首所西医院，是 1835 年美国公理会国外布道会总部派遣来华的医生伯驾（Dr. Peter Parker，1804-1888）

于广州城外十三行街的新豆栏（HogLane）开设的博济医院，数次迁建后，这家医院存在到 1949 年，也是历时最长的教会医院。

博济医院设立时，尚未有正式条文确认西医院的合法性。第一个正式允许在中国国土上设立西医医院的条约，是 1844 年签订的中美《望厦条约》❶；1858 年，英美法俄凭借签订的《天津条约》等，可以进入十处通商口岸；1895 年的《马关条约》又开放沙市等为商埠。这一时期开设的西医院具有雄厚的医疗技术实力。例如，在德国物理学家发现 X 射线（1895 年）不久，内陆城市苏州开设的博习医院就开始使用 X 光机了（图 2-18），此外"还置了病理切片机、显微镜、膀胱镜、验眼电镜等先进设备"❷。

除了开埠城市，被帝国主义列强殖民的地区也有大量国外机构或人士从事西医院的建设活动。例如，东北地区，日本 1905 年 9 月在日俄战争中获胜后，通过与清政府签订条约，从沙俄手中获取掌控东北的权益，随后在东北建立了铁岭市满铁病院、满铁大连病院、满铁大连病院抚顺千金寨分院和南满洲铁道株式会社奉天医院等一批医院。

❶ 条约规定："合众国民人在五港口贸易，或久居，或暂住，均准其租赁民房，或租地自行建楼，并设立医馆、礼拜堂及殡葬之地"。引自：王铁崖.中外旧约章汇编[M].第一册.北京：三联书店，1982.

❷ 王国平.从苏州博习医院看教会医院的社会作用与影响[J].史林.2004, 03: 86.

图 2-18　博习医院展示 X 光机的场景（资料来源：《点石斋画报》，1897）

❶ 杨念群. 再造"病人" [M]. 北京：中国
人民大学出版社，2006.

2.3 近代医院：纳入国家体系的卫生服务场所

我国自民国初年开始了医学的国家化进程。人类在与瘟疫的斗争中发展了医学、健全了医疗制度并提升了卫生保健服务品质，并在流行病学研究基础上建立起了近现代公共卫生体系，医院作为其组成部分，纳入并服从于整体体系建构的需要。西医在应对和解决重大传染病事件中表现出的有效性，改变了西医初传入中国时遭遇妖魔化的局面，可以说，近代"鼠疫冲击"等事件为西医在中国赢得优势地位发挥了重要作用。

例如，1910 ~ 1911 年东北地区肺鼠疫暴发，曾留学英国剑桥大学的医学博士伍连德临危授命，以"钦差大臣"身份奔赴疫区领导抗疫，伍博士不仅运用科学最新成就和方法控制疫情，也将"防疫"、"公共卫生"等西方现代医学概念引入中国（图 2-19）。

再如 1918 年前后，山西传教士主持的汾州医院在建造过程中因土地问题而停顿，然而时值猩红热猛烈来袭，地方官认为西医传教士是"唯一能救他的人"，由此捐献了土地给医院解决了问题。❶ 西医在清末瘟疫中赢得的历史地位，不仅推

图 2-19 左：1911 年 4 月万国鼠疫大会；右：1922 年的伍连德博士（资料来源：礼露 等，2005）

动了我国近代卫生事业的发展，并引发了一批国人主办的西医医院的创建，改变了西医院曾经主要由西人办的局面。

清朝灭亡之后，世界形势的变化也对我国医院建筑发展产生了直接或间接的影响。直接影响来自主办医院的教会组织所在国的国力衰落和兴起；间接影响则来自社会思潮的变化。

继 20 世纪初教会医院迎来建设的第一个繁荣期后，1914年第一次世界大战爆发，1913 ~ 1917 年间，欧洲因战争经济萧条，而美国在战争中崛起。1920 年前后，我国教会医院建设又开始增多，其中美国在华设立的教会医院逐渐多于其他国家。第一次世界大战还造成了整个欧洲（不计东欧）的思潮变化：全西欧完成了由古代封建社会向现代民主制度的转变。20 世纪 20 年代建筑领域的现代主义建筑思潮，即该时期西方社会思潮变化的结果。

受社会经济大环境变动影响，在华教会医院也经历了"宗教→宗教与世俗之间→世俗"的转变轨迹。❶ 最初的教会医院注重宗教使命，为民众提供与基督教教义相符的、慈善性质的、免费或费用低廉的医疗服务，之后过渡到了半收费制度，最后则完全采用了商业运作管理。

20 世纪早期，中国教会医院中宗教的功能作用削弱，开始世俗化发展。❷ 之后，即使一些医院实施"以富养贫"办院原则，也仅是对少数信教的穷人提供免费医疗。随着教会医院规模扩大、实力增强，教会对医院的控制力减弱，宗教职责在世俗医疗服务的需求下似乎变得无足轻重了❸，传教重点转向了教会学校和教堂。❹ 在第 3 章"在中国建造西医院（1835–1928）"中，再结合个案细讲清末民初在世界形势变化影响下我国医院建筑的这段发展变化历程。

❶ 李娜. 基督教会医疗事业与近代河南社会 [D]. 开封：河南大学，2009.
❷ 杨念群. 再造"病人" [M]. 北京：中国人民大学出版社，2006.
❸ 李娜. 基督教会医疗事业与近代河南社会 [D]. 开封：河南大学，2009.
❹ 江文汉. 广学会是怎样一个机构 [M]. 文史资料选辑. 北京：文史资料出版社，1980.

❶ 夏铸九.现代性的移植与转化：论现代
建筑在台湾的论述形构与汉宝德的建筑
省思 [J].城市与设计学报.2007, 17（3）.
❷ 秦佑国.中国现代建筑的中国表达 [J].
建筑学报.2004, 06: 21.

公共建筑"在政治现实之下等于国家权力在人民前的展现方式"❶，在1949年前复杂的社会政治环境中，医院是重要的公共建筑类型之一，是提供外来先进文明生活方式的场所，也因此常被各方力量所利用。医院建筑不只是围绕病人需求设计的实用性物质空间，而是需要展现多重象征：权力、实力、先进文明或弱化的侵略性等，有时这些象征的需求甚至比建筑为民众提供医疗服务需求更为重要。

例如由建筑师杨廷宝设计的南京中央医院（今南京军区南京总医院，图2-20）。1929年国民政府制定的《首都计划》，要求主要公共建筑物应采取样式为民族形式。有海外建筑学习背景的杨廷宝先生和其他留学生建筑师一起，探索出"大屋顶"外的另一种中国传统建筑的现代表达方式，即采用西洋建筑形制与中国传统装饰图案和建筑细部的做法。❷ 南京中央医院

图2-20 南京中央医院立面、鸟瞰及一～三层平面图（资料来源：王绍周，1989）

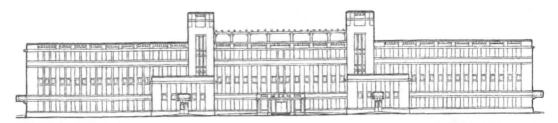
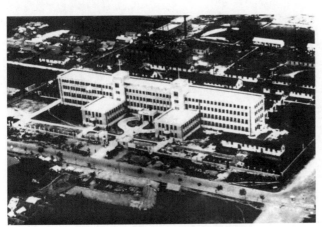
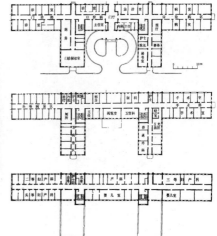

与杨廷宝先生同年作品——北京交通银行属同一风格，只是南京中央医院更重实用性，在细节装饰方面相对较为简单。

此外，虽然有国共第一次内战（1927～1937年）、北伐战争（1926～1928年）等事件，在医学国家化思潮影响下，教会医院仍然获得了第二个发展高潮。大量中国工作人员参与到医院的经营和管理中来，新的教会医院（社会改称西医院）或分院相继成立。❶

1937年"七·七"事变爆发至1949年中华人民共和国成立前，中国陷入长达12年的战争期，大量教会医院受到了破坏，也有些教会医院巧妙借助外方身份为民众提供了庇护并由此得以留存。例如，20世纪30年代末期，抗日战争中的难民在商丘圣保罗医院❷得到过保护。这家由英国圣公会创办的教会医院，以英国基督教会和国际红十字会名义开办了难民所，至商丘沦陷前，共收容难民2000多人❸（图2-21）。

20世纪三四十年代"公医制度"兴起，在管理方面，政府尚未设置卫生部，部分医院归属于地方警察厅。传统分散式的中医个体开始加入公医体制❹，政府也开始与外国教会

❶ 李娜. 基督教会医疗事业与近代河南社会 [D]. 开封：河南大学，2009.

❷ 今商丘第一人民医院。

❸ 韩传恩. 百年沧桑 盛世思考 再铸辉煌，商丘市第一人民医院记录 [R]. 武汉："中国医院建筑百年的思索和探讨"院长高峰论坛，2012-05-10.

❹ 杨念群. 再造"病人" [M]. 北京：中国人民大学出版社，2006.

图2-21　左：湘雅医院楼顶置放美国国旗防止空袭；右：商丘第一人民医院院区中保存的圣包罗医院时期建筑群（资料来源：韩传恩，2012）

医院合作。北伐战争后，国民政府开始加强对教会医院的管理。❶ 各国教派和团体宣布独立，把名称上的国名换为"中华"，教会医院也随之进行了改组。❷

民国初年时，西医已普遍成为城市病人的求医选择，但在广大乡村，中医盛行情景尚无大的改观。20 世纪 40 年代以后乡镇才出现"防治与环卫清扫管理合一的卫生院"，人员和设备都很简陋 ❸。1949 年中华人民共和国成立前，公立医院在大城市医院中占三分之二，大多设备简陋却诊费高昂，还存在着贫富两极分化现象。为改变这一现状，毕业自北京协和医院的公共卫生学家陈志潜（1903 ~ 2000 年），通过医疗技术的"在地性"培训降低乡村医疗成本，创建了定县模式，创立了中国最初的"三级卫生保健网"，这一模式成为后来赤脚医生制度的探路者。❹

2.4 计划经济时代医院：计划经济的卫生设施

中华人民共和国成立后，政府开始逐步建立适应计划经济特点的医疗体制。在 1949 ~ 1952 年"国家复苏"和新社会秩序稳定期间，政府接收了包括境外资金建设医院在内的多种所有制医院，并进行国有化改造。例如，1951 年接收了北京协和医院；同年接管了重庆宽仁医院（今重庆医科大学附属第二医院）等。

由于此前缺乏政府整体控制，既有医院的城市地理空间分布很不均衡：中心城区或富庶地带的医院很多，而低收入阶层居住区域的医院则很少。例如，北京"西四区每千人口有医师 3.1 人，病床 6 张，崇文区每千人口只有医师 0.9 人，病床 1.7 张，而前门区有 20 多万人口却没有一个市属医院，没有一张产床"。❺

为改变这一状况，在既有医疗设施基础上根据居民分布情况布置医院，构建医疗网络，成为国家"第一个五年计

❶ 马雅各 . 两年来之教会医院概况 [R]. 中华续行委员会 编 . 中华基督教会年鉴 . 1930，11（肆）: 33.

❷ 李娜 . 基督教会医疗事业与近代河南社会 [D]. 开封 : 河南大学，2009.

❸ 吴世清 . 浅谈医院发展滞后因素与对策 [J]. 中国医院管理 . 1994，11: 5.

❹ 杨念群指出，"20 世纪 60 年代的赤脚医生制度，就在吸收定县速成训练经验的基础上，更包容了中医系统，其'在地化'的程度得以大大提高"，引自 : 杨念群 . 再造"病人"——中西医冲突下的空间政治（1932~1985 年）[M]. 北京 : 中国人民大学出版社，2006.

❺ 茹竞华，杨燕门，蒋景杭 . 关于新建综合医院的调查 [J]. 建筑学报 . 1957，5: 1.

划"❶组成部分，和世界其他很多国家一样，步入了第二次世界大战后首次现代化医院建设浪潮（参见第 4 章"当代西方医院建筑：以英国、荷兰和德国为例"）。20 世纪 50 年代初期到 1966 年的近 17 年中，由政府负担医院建设和人力成本，建立了以城市医院为中心的三级医疗网络。不过，医院分属于不同系统成为城市医院合理布局的新障碍。❷

中华人民共和国成立初期的首次医院建设浪潮，是在国家经济困难的情况下发展国有医院建设，构建国家医疗网，控制医院总规模和推广标准化设计由此成为该时期医院建筑设计的主导思想。例如，1964 年在举办的医院设计竞赛中，中国建筑学会明确提出"勤俭建国"原则（图 2-22）。

❶ 从 1953 年起，开始第一个五年国民经济计划，计划目标是建立社会主义工业化基础，由此开始的工业化进程，快速地改变着城市的经济、社会面貌。

❷ 茹竞华，杨燕门，蒋景杭. 关于新建综合医院的调查 [J]. 建筑学报. 1957, 5: 1.

图 2-22 上：中国建筑学会医院设计竞赛一等奖方案（资料来源：中国建筑学会医院设计竞赛评选工作组，1964）；左下、右中：武汉同济医院，1952（资料来源：赵冰等，2010）；右下：北京儿童医院（资料来源：华新民）

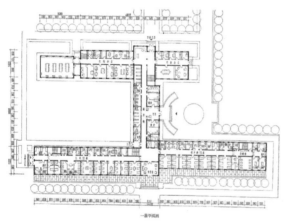

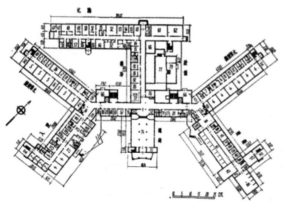

首次医院建设浪潮中的佼佼者，是 1988 年获得中国建筑学会优秀建筑创作奖的三项医院设计。分别是：1952 年由留学奥地利的建筑师冯纪忠设计的武汉同济医院；1953 年由留学法国的建筑师华揽洪设计的北京儿童医院（图 2-22）；以及 1955 年由留学德国的建筑师夏昌世设计的中山医学院医疗教学建筑群等。其中，武汉同济医院与北京儿童医院被誉为中国现代医院建筑设计的起点。❶

但与英国相比，同样是在经济困难时期发展医院建筑，两国采取的方式却不同。总体上，我国未能充分利用计划经济时期公有医疗体制的优势，详见第 4 章第 2 节"英国医院建筑：理性经济派"。与英国 Nucleus 等模式医院的开放性与灵活性设计探索相比，我国 20 世纪 50 年代的医院建筑设计在医院总体呈"小而全"或"大而全"式发展的情况下，采用了形式功能完备的"封闭式"建筑设计思路。不仅医疗机构之间缺乏协作，我国医院建筑演进也始终未能与医疗服务提供体系的发展有效互动起来。

在 1949 年后配合计划经济体制发展建设医疗网时期，"勤俭建国"成为医院建设重点时，我国发展经济型医院建筑的方式是封闭式的，未能建立在与服务体系分级与转诊、医疗服务机构协作等现代卫生事业政策与管理方法结合之上，未能形成对公立医院建设进行合理卫生规划、实施资源共享等发展机制（表 2-1）。20 世纪 80 年代医改开始后，市场逻辑介入医疗服务领域，政府实际控制力度弱化，由政府主导进行区域卫生事业规划、并对医院建设进行资源优化组合的机会更缺乏了。

针对医疗资源的城乡不均衡局面，政府进行过调整，全国 90% 地区于 1952 年年底建立了县级卫生机构。但由于经济

❶ 赵冰，冯叶，刘小虎．夏夜医院楼——冯纪忠作品研讨之三 [J]．华中建筑．2010，06: 1.

中国与英国经济困难时期降低成本的医院设计比较   表 2-1

		中 国	英 国
相同点	资金来源	政府	
	目标	控制总体床位规模和床均建筑面积	
	床均面积	63.55m²	70m²
不同点	医疗定位	把医疗卫生视为居民消费和人民生活组成部分	与教育、住房并重的三大基本福利保障
	方法	基于现状普查	基于实证研究、建筑技术数据收集与分析
	措施	压缩医院建设规模和技术配备力量	开展社会协作，整合区域医疗资源，与社区保健服务相结合，通过缩减医院服务的使用达到压缩医院规模的目的；共享后勤设施，或后勤服务由社会机构提供；开展"通过设计减少运营费用"的空间利用研究等
	医院模式	多层集中式、分散式与混合式	"Best Buy"、"Harness"与"Nucleus"模式医院
	资金控制	控制建设投资费用	由控制建设费用转向控制全寿命周期费用
	参与团队	以政府、科研与设计团队为主	以政府、科研、医疗服务管理团队、医院管理团队、建设与设计团队为主
	特点	未能充分发挥计划经济体制优势	充分利用全民医疗体系的优势

条件限制，农村基本上还是农民自费医疗，很长时期都不能与城镇医疗保障制度所提供的服务相提并论。政府调整城乡医疗保障制度不平等[1]工作的成效不佳。对此，毛泽东主席于 1965 年 6 月 26 日提出"把医疗卫生工作的重点放到农村去"[2]。"六·二六指示"后，农村在全国医疗卫生机构病床的分布逐渐由 1965 年的 40%，提高到 1975 年的 60%[3]，全国卫生经费中用于农村的占 65% 多[4]，县镇医院建设也增多了。[5] 20 世纪 70 年代初期，为满足农村医疗需求，还大力发展农村合作医疗制度，培养赤脚医生，实现了"低水平、广覆盖"，并较好地实现了公平性，这一成就获得了世界卫生组织的高度赞扬。[6]

1966 ~ 1976 年"文化大革命"期间医院建设停滞，但从 20 世纪 60 年代末至 80 年代末的 20 年间，无论建设实践、

[1] 据 1964 年统计，"用于 830 万享受公费医疗的人员的经费，比用于 5 亿农民的还多"，参见：卫生部基层卫生与妇幼保健司. 关于把卫生工作重点放到农村的报告 [R]. 农村卫生文件汇编（1951 ~ 2000 年），2001-12: 27.

[2] 姚力，"把医疗卫生工作的重点放到农村去"——毛泽东"六·二六"指示的历史考察 [J]. 当代中国史研究. 2007, 03: 99.

[3] 中华人民共和国国家统计局. 中国统计年鉴 [M]. 北京：中国统计出版社. 2003.

[4] 卫生部基层卫生与妇幼保健司. 卫生部关于全国赤脚医生工作会议的报告（摘录）[R]. 农村卫生文件汇编（1951 ~ 2000 年），2001: 420.

[5] 北京市建筑设计院六室现场设计组. 房山县医院设计 [J]. 建筑学报. 1976, 02: 23.

[6] 李玲，江宇，陈秋霖. 改革开放背景下的我国医改 30 年 [J]. 中国卫生经济. 2008,（02): 8.

学术讨论，还是政府的政策与活动，都对县医院建筑设计给予了其他时期从未有过的关注。例如，罗运湖对"四川 30 多所地、县级医院建筑"进行了初步调研 ❶；卫生部、城乡建设环境保护部与世界卫生组织在 1987 年联合举办了县医院建筑设计讲习班，并参观了刚刚投入使用的四川省双流县、什坊县与简阳县县医院 ❷ 等。

2.5　医改后的医院：类型化建筑的大建设阶段

1978 年十一届三中全会启动了中国的改革开放，医疗卫生改革是改革开放的重要组成部分，1985 年我国全面医疗体制改革正式启动。❸ 医院建设随之发生巨大变化，医院机构数量和建筑面积大幅度上涨，同时也加剧了城乡与区域之间的差异。2019 年 4 月，启动了以"保基本、强基层、建机制"为指导原则的新医改。新医改后的医院建设详第 5 章"'正确设计，错误使用'：管窥中国当代医院"，这里概要介绍一下首次医改期间的医院建筑发展情况。

总体上，第一次医改历时 30 年，医疗卫生领域变革围绕着改革最初的"放权"与医院企业式经营方式演进，可细分为三个阶段 ❹，下面详述各阶段的医学社会背景及建筑发展情况。

医改第一阶段（20 世纪 70 年代末 ~ 90 年代初）以"放权让利"为主要方向进行改革探索。❺ 医院所有制模式发生了改变，1980 年结束了不允许民营医院存在的局面。❻ 当时卫生服务提供体系中存在着"供给不足和效率低下"问题，被认为是"比控制成本和提高公平性更加紧迫的任务"，"放权让利"式医改快速有效解决了这一突出问题。

但是，政府同时也放弃了一些本该担负的责任，没有建

❶ 罗运湖 . 县级综合医院建筑设计的几个问题 [J]. 建筑学报 . 1980, 05: 28.

❷ 刘殿奎 . 卫生部、城乡建设环境保护部与世界卫生组织联合举办县医院建筑设计讲习班 [J]. 中国医院管理 . 1987, 07: 24.

❸ 1985 年《关于卫生工作改革若干政策问题的报告》（卫生部）获国务院批转，被认为是我国全面医疗体制改革正式启动的标志，参考：刘藏 . 前卫生部副部长朱庆生解读医改历程——中国医改 20 年之演变 [N]. 京华时报 . http://news.xinhuanet.com/health/2006-03/08/content_4272372.htm. 2006-03-08.

❹ 李玲，江宇，陈秋霖 . 改革开放背景下的我国医改 30 年 [J]. 中国卫生经济 . 2008, 02: 5-9.

❺ 十一届三中全会认为"现在我国经济管理体制的一个严重缺点是权力过于集中"，因而提倡权力下放，卫生领域也"要按客观经济规律办事，对于医药卫生机构逐步试行用管理企业的办法管理"。参见：李玲，江宇，陈秋霖 . 改革开放背景下的我国医改 30 年 [J]. 中国卫生经济，2008, 02: 6.

❻ 1949 ~ 1966 年间医院全为国有，但国家允许开业医生和个体开业诊所存在发展，1966 年 9 月后全面取缔了开业医生和个体诊所，1980 年 9 月 2 日发布的《关于允许个体开业行医问题的请示报告的通知》结束了这一局面。

立起配套的监督与筹资体制，使医院企业性增强而公益性削弱：本该非营利的公立医院向经营性机构发展；也导致了城乡与地区间发展差距扩大。

城市医院在企业化经营后有了新气象，如 1979 年 12 月 9 日《人民日报》对北京市 44 家医院报道中，描述了当时医院工作人员积极主动收治病人住院以增加收入的蓬勃景象；而乡村医院因为营利空间不大导致发展停滞。❶

这一阶段的医院建设进入了发展资金和机构服务力量的积累时期❷，为后两阶段医院建设的"井喷"打下了基础。该阶段医院建设主要为原址零星加建；主要采用水平式发展模式，且多在缺乏总体规划条件下，"见缝插针"加建局部功能用房单体，有少量大城市医院进行原址综合体新建设。如图 2-23 所示，其中主要建筑建于 20 世纪 70 年代，80 年代又扩建了儿童急救中心、门急诊楼（急诊、药房、放射科和产科）和老年病房楼。

第二阶段（20 世纪 90 年代 ~ 21 世纪初）是医疗卫生改革深化阶段，分税制的实施加剧了地区间的医疗卫生差距。1998 年后由公费医疗和劳保医疗向社会化的医疗保险转型；此

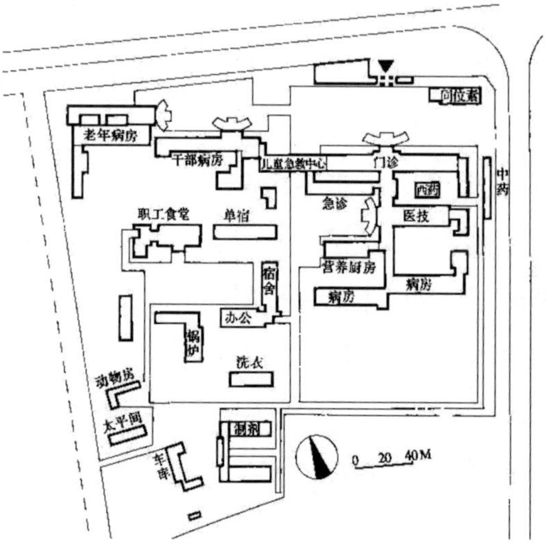

❶ 李玲，江宇，陈秋霖. 改革开放背景下的我国医改 30 年 [J]. 中国卫生经济. 2008，02：6.

❷ 到 1990S 中期，15 年医改使"医疗机构、人员和病床的数量以及医疗装备、技术力量方面达到的规模"成为此前 20 多年发展的总和。参见：李玲，江宇，陈秋霖. 改革开放背景下的我国医改 30 年 [J]. 中国卫生经济，2008，02：6.

图 2-23　河北省医院 1988 年扩建总平面图（资料来源：刘新明，1999）

❶ 诸葛立荣. 上海医院建设管理现状（R）. 上海：中华医院管理学会、中国建筑学会 2005 上海医院建筑设计年会暨展示会，2005.

外，医药器材完全市场化，出现了医疗费用结构失衡的问题。随着医院经济实力增强和改革开放的大环境，国际医院建设经验再次传入，医院开始了中华人民共和国成立后的第二次建设浪潮。

这一时期的医院建设主要为原址改扩建；因用地拥挤，主要采用垂直发展模式，新建建筑物多为含门诊、医技和病房楼三部分功能在内的高层综合体（图 2-24 上左图），也有少量全新迁建郊区项目类型（图 2-24 上右图）；医院建设逐渐开始重视总体规划。许多市区百年医院因用地紧张，"医院建设只能借天入地，建造高层建筑，给医疗工作带来不便和困难"❶（图 2-24 下图）。

医改第三阶段（2003 ~ 2008 年），2003 年"非典"事件集中暴露了这一时期医疗卫生体制的问题，市场化导向下

图 2-24　上左：河北医科大学第二医院 1996 年扩建（资料来源：刘新明，1999）；上右：广东佛山第一人民医院（资料来源：中国中元国际工程公司）；下图：从左至右为：广东省人民医院，陕西省人民医院，上海长征医院平面与外观（资料来源：刘新明，1999）

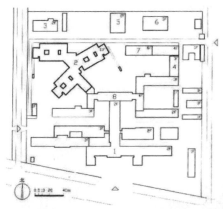

医改的医疗事业总量迅速发展优势充分显现，同时"看病难和看病贵"的深层次结构性缺陷也充分暴露了出来。"强化政府责任"成为该阶段指导思想。❶

这一时期，医院总床位数增速惊人。继 1949～1966 年全国医院第一次建设浪潮（即医疗网初建阶段）中我国医院总床位有了第一个增长期后，2007 年后开始进入第二个增长期。同时，我国综合医院最高床位规模高于发达国家。

超大规模医院开始出现。人口增长、社会医疗化发展、公立医院优势地位形成和医院经营市场化，加上城市化发展，拥有优质资源的三级甲等综合医院床位增长供不应求，出现若干超大规模医院。在我国有百年历史的三甲综合医院中，2008 年发展为 800 床以上的医院占 83%，其中总开放床位规模超过 4000 张的四家分别为四川华西医院（4300 张），武汉协和医院（4600 张），山东省立医院（4000 余张）和沈阳盛京医院（4368 张）。

城乡医疗资源配置差距继续扩大。根据 2007 年统计数据，包括直辖市区、地级市区和县级市在内的城市每千人口医院、卫生院床位数为 3.8 张，接近美国、英国等发达国家水平；而包括自治县和旗在内的地区每千人口医院、卫生院床位数为 1.58 张，与墨西哥、科威特等国家相当。

第三阶段医院建设继续原址改扩建模式的同时，趋向全新迁建、设郊区分院或扩大化为城市医疗中心（图 2-25）；从决策者、建设者到设计者等都已经重视并强调总体规划和设计专业的重要性，并开始觉察到设计程序中一些专业环节（如前期医疗规划与后期评估）缺失带来的建设问题。

医改后 30 年的医院建设过程中，除了上述主要影响因素外，始于 1989 年的医院评级也对医院建筑发展产生了影响。

❶ 李玲，江宇，陈秋霖．改革开放背景下的我国医政 30 年 [J]．中国卫生经济．2008，02：7．

图 2-25 左：南京鼓楼医院（原址扩建，2005 年至今，资料来源：张万桑，2014 年）；右：复旦大学附属儿科医院（全新迁建，2004～2006 年，资料来源：诸葛立荣，2005 年）

通过《医院分级管理办法（试行草案）》（1989 年 11 月）的分级评定 ❶，将医院在我国医疗产业中的阶层进行了明确化。台湾社会学者张苙云将医疗卫生机构各类别间存在着不同层次的现象，称为"医疗产业的阶层化"。❷

分级中涉及医院建筑的部分为"医院分等的标准和指标"，有床位规模及其建筑、科室设置等项。如二级综合医院住院总床位数为 100～499 张，三级综合医院在 500 张以上等。评级的建筑要求加上医院等级对经营的重要影响，综合作用于该时期医院建筑的发展。

评级对医院建筑的直接影响被公认为是"存在、但不严重"的评级问题之一。因为分等标准中医院规模和医疗设备的硬性规定能够在短时间内突击完成，一些医院为了"争级上等"进行了扩建用房等盲目建设行为。❸ 医院为扩大规模盲目建设导致了空间资源浪费，研究表明，三级医院经营效率低于二级医院，原因之一就是医院为扩大规模进行高水平设施建设，公共空间面积和病房面积都增长了的缘故。❹

评级对医院建筑发展的间接影响表现为医院建筑分层化。高级别医院在服务收费、公众认可度方面占有绝对优势，在经营上有着市场垄断地位 ❺，从而有医院建设需求和资金基础。三级医院的建设资金基础是二级或一级医院所不能比的，资

❶ 医院经过评审分为三级十等，其中每级又分甲、乙、丙三等，三级医院增设特等。

❷ 张苙云. 医疗与社会：医疗社会学的探索 [M]. 第 3 版. 台北：巨流图书公司，2004.

❸ 刘亚民，何有琴，刘岩，高金武，孙春玲. 我国医院等级评审的历史、问题及对策思考 [J]. 卫生软科学. 2008, 22（3）：216.

❹ 庞瑞芝，刘秉镰，刘先夺. 我国不同等级、不同区位城市医院的经营绩效比较研究 [J]. 中国工业经济. 2008, 2：114.

❺ 庞瑞芝，刘秉镰，刘先夺. 我国不同等级、不同区位城市医院的经营绩效比较研究 [J]. 中国工业经济. 2008, 2：114.

金差异最终表现在建筑规模、建筑面积和装修标准以及建筑设计质量等方面。

20世纪80年代对外开放和医改，也为医院建筑设计的国际经验再引入提供了社会环境和经济基础。改革开放后，医院逐渐发展成为重要的社会经济实体，国人对国际医院有了认识并具备了建造"适度超前"、"国际水准"医院的经济基础，之前被认为经济技术条件不允许的一些西方医院建筑模式越来越多地应用到实践中去。

社会消费观念也发生了改变。此前广为批判的"贪大求洋"医院建设问题此时逆转为个别医院的建设目标，"大"意味着医院总体服务能力的扩张，"洋"意味着医院物质空间形态向国际现代化医院的标准看齐。以作者参与设计实践看到的任务书为例。某医院建筑方案招标任务书中写道："应参考国内、外医疗建筑设计的先进思想、理念和成功经验，使其在一定时期内处于领先地位"（2010年6月16日）。

"国际经验再引入"时期，在建设需求紧迫、却缺乏本土系统性研究情况下，改革开放后对国外医院规划设计经验的借鉴，总体上是不同于照抄照搬的消化吸收式借鉴，是值得肯定的。

但是，仍存在以下三个问题：首先是重实用轻理论，缺乏对国际现代医院建筑设计理论体系的深入、系统研讨。其次，清末民初西医院的"移植"历史和20世纪80年代国内外建筑发展的悬殊差距，使国人面对高度发达的国际现代医院建筑时，缺乏批判能力，这种状态一直持续到21世纪初。最后，与国外当地医疗体制关联密切的一些优秀医院建筑设计理论，因涉及因素过多而仅限于设计学人交流，未能应用于实践。

例如，1981年已有学者看到英国医疗体制对医院规划和建筑设计带来的影响，指出："一个国家的医疗体制决定医院的规划布点以及具体医院的性质、规模和布局"❶，并以英国医院规划为例，认为英国"在全国划分了 12 个区，每区有一个大型综合教学医院，都由卫生部负责，在全国范围内实行统一规划和协调行动"，这些统一规划和协调"涉及体制问题的提法和做法也对医院建筑有很大的影响，如门诊体系化、护理专业化、门诊手术中心化、急诊中心化、消毒供应地区中心化等"。❷ 此外，还介绍了医院建筑设计前期工作、由卫生主管部门和医院部门主导进行的"医院系统设计"可以减少因发展变化引起的医院与医院建筑之间不适应等西方观念。

总之，"国际经验再引入"时期与清末民初西医院"移植"时在思想层面没有发生本质改变。"国际经验再引入"时期国人看到的一些国际发展最新优秀经验，会因为缺乏实现渠道而不了了之。对国际经验的吸收和借鉴仍囿于单个医院范围内，囿于设计建造的单一技术范围内，未能像英国那样，拓展至医疗服务递送体系、医疗体制等更大层面，对医院建筑医疗服务效率的改进也未能由出资者通过制定政策、推动机构协作等更广阔渠道"自上而下"优化解决。

近年来，那些需要医疗服务组织改革或由政府调控的机构协作才能实现的医院建筑理念缺席带来的问题，随着医院建设规模和建设量的剧增放大了。与西医院"移植"时期情况不同的是，"移植"时期建筑规模不大，常由国外出资方结合西方医疗服务组织主导设计与建设，"医院系统设计"模式尚存。当代"国际经验再引入"时期，则主要采取的是国人对适宜设计手法"消化吸收"的方式。例如国内早期医院建筑工程实录中，介绍了国外基于护理路线研究的高效率病房护理单元设计，以及将病房窗台做成与病床一样高照顾卧床病人视野等做法供国人借鉴。

❶ 龚绚 . 总结、交流、展望——关于"医院建筑设计学术交流会"的报导 [J]. 建筑学报 . 1981, 12: 15.

❷ 龚绚 . 总结、交流、展望——关于"医院建筑设计学术交流会"的报导 [J]. 建筑学报 . 1981, 12: 15.

当代与宏观调控有关医疗建筑设计问题逐步暴露，也渐渐为建筑师所认知，只是，这些源自医学社会的结构性问题，单靠建筑设计的改进已难以解决，详第 5 章 "'正确设计，错误使用'：管窥中国当代医院"。

3　现代医院建筑的西方文化烙印

发端于西方的现代医院，有三个基本特征是在教会医院影响下形成的 [1]，带有鲜明的西方文化烙印：1）医院医务人员的行为指导原则是为他人提供帮助服务。2）医院应该是面向所有需要治疗的病患设置的常规设施。3）医院保健照顾特色的形成源自教会医院限定病人在特定地点居住的传统。

现代医院建筑发展至今，教堂医院的遗产仍在建筑中有所表现。无论是早期的 "形式随从功能" 医院建筑，中期的工业标准化建造、高技派和 "治病工厂" 式医院建筑，还是近年来注重康复环境、强调应对变革的适应性医院建筑，以及西方卫生保健体系协作影响下 "为人而建" 的医院建筑，都能看到教堂医院的影响。

例如，医院建筑是由人运转的、为他人提供帮助与服务的场所，这是它区别于其他类型公共建筑的鲜明特征。医院建筑设计以如何更好为他人提供帮助与服务为基本设计原则，"以病人为中心" 等观念获得广泛认同。为了更好地承担作为福利设施、面向所有患者开放的社会任务，很多国家从控制公共资金投入出发，设定了严格的公立医院建设标准等，这部分内容，详见第 4 章 "当代西方医院建筑：以英国、荷兰和德国为例"。

现代医院建筑作为为他人提供帮助服务的场所，面向需

[1]　威廉·科克汉姆. 医学社会学 [M]. 杨辉，张拓红 等译. 北京：华夏出版社，2000.

要治疗的所有人群开放、并与世俗社区分隔的公共建筑性质，延续了过去教堂作为社区中心、承担社会义务的传统。其中最重要的是限定病人在特定地点居住的传统，对西方现代医院建筑的空间形式有着直接影响。

脱胎于宗教空间的西方医疗空间，与中国传统医疗空间的根本区别就在于限定病人居住的"制约性"。这种制约性与现代医学的"托管制度"（trusteeship）相辅相成。❶ "托管"的信念，就是与病人相关联的每一件事（如健康、生命等），都会依赖一种宗教的信任委托给医生，"而医生则会把医疗行动作为对上帝及其追随者的回答"。❷ 在"托管制度"下，病人暂时脱离社区与家庭环境，在医院这种极为陌生的公共建筑物中得到专业检查与照料，这些医疗活动具有相对的隐秘性。

现代医疗体系中"托管制度"的形成，与基督教和世俗社区隔离的传统紧密相关。基于宗教生活建立的对医疗空间的信任感，西方人把亲人送往医院住院治疗、暂时脱离社区生活时，彼此都会觉得是件自然的事。

而中国人的治病传统则与西方非常不同。中国人是以家庭为单位，请中医到家中诊治后，下一步的护理是在家庭空间中由家人完成的，在社区生活与医疗空间方面，并没有清晰界限。在中国的现代医院中仍然能找到该治病传统的影响，那就是中国医院中陪同者与陪伴者比西方医院中要多（详见第 5 章第 2 节"无法忽视的陪同人员"）。

带有鲜明西方文化烙印的现代医院，在清末民初随西医传教士"移植"到中国后，剥离了所根植的西方文化背景，在异域的文化环境中遭遇了种种矛盾冲突，面对着不同文明传统、不同医学观念、不同医疗技术、不同医疗空间和不同医疗服务方式，运营困难重重，因此，不得不做出借助各种手

❶ 在华西医传教士巴慕德（Haroll Balme）认为，现代医学两项革命性突破，一是对"准确真实性"（exact truth）的寻求，即医生借助于医疗设备检查可以更为准确地解释病人机理变化、更接近真实，避免错误决定；二是"托管制度"（trusteeship）。参见：Haroll Balme, China and Modern Medicine: A study in Medicine Missionary Development. 1921: 19.

❷ 杨念群. 再造"病人"——中西医冲突下的空间政治（1932～1985 年）[M]. 北京：中国人民大学出版社，2006.

段予以调整和妥协，医院建筑形式即为其中重要的手段之一。

　　这段西医院"移植"史，是中国医院现代化过程中重要的一幕，至今对中国医院建筑仍有极大影响。医院建筑从西方"移植"到中国过程中遇到的问题，恰恰放大了医院建筑与社会千丝万缕的关联，也是医院建筑社会史中必须书写的篇章。因此，在第 3 章，我们围绕"在中国建造西医院（1835-1928年）"这个话题，结合个案深入探讨医院建筑与社会的关联。

在中国建造西医院（1835～1928年）

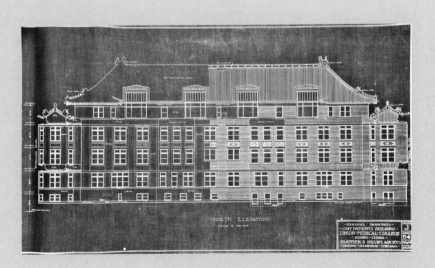

我国近现代医院是清末民初医务传道、西学东渐的产物之一。在西方近现代医院建造理念传入前，我国本土没有类似建筑物，也尚未建立由国家统一控制的医疗保健制度和机构体系。❶

中国古代收治病人的场所，如"养疾院"、"悲田坊"和"疠人访"等，多以隔离为目的附设于寺庙；传统中医则以"坐寓"和"游走"的形式分散在乡间和城市空间，"个体"和"分散"为其特征❷，行医空间即家庭空间，没有类似西医的严格卫生布局与流线需求，也因此没有形成近现代意义上的医疗建筑空间。

18 世纪末期，依据西医卫生要求建造的近现代医院建筑开始在西方发展；19 世纪末期，随着鸦片战争后一系列不平等条约的签订，清朝开放国门，近现代医院建筑逐渐随西方医学传入我国。西方医学传入我国后，和本土传统医学并称为"西医"和"中医"，或"新医"和"旧医"；相应的，提供西方医学或传统医学的医疗机构，被称为"中医院"或"西医院"。

不过，"在 20 世纪 20 年代末采用政治措施反对和压制中医之前，西方的医生只是被当作辅助的而不是基本的医治者来看待的"。❸ 之后近现代危及民族存亡的动荡时局，与洋务运动等一起，使中医存废之争等议题常被提升至与国家兴亡相关高度，西医学逐渐替代传统医学取得主流地位。但基于西医学发展和社会医疗需求等现实因素，传统医学技术服务力量一直作为医疗服务的重要组成部分，与西医一起并存于国家卫生服务提供体系中。

近 20 年来，"建筑史学家们力图表明那些与一种建筑文化和建筑技术跨越到另外一个建筑疆域之中联系在一起的社会的、审美的和政治的动因"❹，本章正是这样一种探索：围

❶ 此观点自自吕思勉著于 20 世纪 20 年代、论述我国历史上重要的社会经济制度和政治制度的《中国制度史》推断而来：该书中，无论社会经济部分还是政治部分，医疗卫生制度均未出现。

❷ 杨念群. 再造"病人"——中西医冲突下的空间政治（1832~1985 年）[M]. 第 2 版. 北京：中国人民大学出版社，2013.

❸ F·布莱特－埃斯塔波勒. 19~20 世纪的来化法国医生：南方开放港口、租界和租借地的拒绝或依从 [M]. 韩威，孙梦茵译. 殖民主义与中国近代社会国际学术会议论文集. 北京：人民出版社，2009.

❹ 郭伟杰. 谱写一首和谐的乐章——外国传教士和"中国风格"的建筑，1911～1949 年 [J]. 中国学术. 2003, 1：69.

绕清末民初西医院如何在中国建造这段历史，探讨我国近现代西医院的建筑设计实践与社会环境紧密相关的动因。

　　鉴于医院建筑设计实践内容庞杂，本章对近现代西医院建造的研讨仅聚焦于建筑形式的变化。这是因为采用所在地地域原有的建筑形式是许多"外来文明"扎根的常用的、行之有效的方法之一；而所能获得的、展现该时期西医院建筑形式的照片和图纸等图像资料也较文字记录数量更多。此外，与建筑形式相比，其他的建筑设计实践内容如医疗功能流程等，受社会因素干扰较少。英国医疗建筑学者说过："毫无疑问，基本功能需求应当满足，但要知道，它们并不足以决定形式"❶，本章所讨论的，正是这部分不受医院基本功能限制的建筑形式。

　　时间范围聚焦于 1835 ～ 1928 年之间是因为：首先，该时期社会变革频仍、医院案例丰富。1835 年是"医务传道"（medical mission）历史在华开始的年份，是传教医生从传教机构附属身份和仅关注传教士健康的旧殖民历史向"医务传教"新历史转向的年份❷；也是第一个由西医传教士（medical missionary）创办的大陆首家医院（博济医院）在广州开设的年份，之后，越来越多的近现代医院在国门被迫开放、清政府的新政运动等一系列社会大变革中建造出来。

　　其次，此时现代主义建筑思潮尚未风行世界，中国早期医院建筑风格或中或西，特征鲜明，这里的"西式"指在欧洲古典建筑基础上夹杂了殖民地式的建筑风格。再次，国民党政府 1929 年的《首都计划》要求政府公共建筑采用"中国固有之形式"之后，医院建筑风格原因明确故无须分析。

❶ Susan Francis, Rosemary Glanville, Ann Noble, et al. 50 years of ideas in health care buildings. The Nuffield Trust, 1999:56.
原文为："There is no question that elementary functional requirements should be met, it is simply that they are not sufficient as determinants of form."

❷ 杨念群. 再造"病人"——中西医冲突下的空间政治（1832～1985 年）[M]. 第 2 版. 北京：中国人民大学出版社, 2013.

1　初传入期的西式建筑风格

初传入时期（19 世纪下半叶）的医院多由在华传教的教会组织创建。根据 2008 年《全国三甲医院名单》，我国 773 家三甲医院中，若以 1911 年为界限，96 家有百年以上历史，均建于清代，其中由教会或外国人办的占 86%，由国人或政府举办的占 14%。若以北伐后南京国民政府成立的 1928 年为界限，则由教会或外国人办的占 73%，由国人或政府办的占 27%，仍以教会医院为主（表 3-1）。

2008 年《全国三甲医院名单》医院创办方统计　　　　　表 3-1

数据分类 年代	教会或外国人办		国人办		医院总数
	医院机构数	占医院总数百分比	医院机构数	占医院总数百分比	
1900 年之前	58	97%	2	3%	60
1901～1911 年	24	69%	11	31%	35
1911 年前合计	82	86%	13	14%	95❶
1912～1928 年	18	43%	24	57%	42
1928 年前合计	100	73%	37	27%	137

除了个别教士和医生在医院开业之初有暂借中国民房的情况外，正式由教会组织出资建设的医院，早年大都采用西洋建筑形式。初步收集到的图像和文献资料已经证实了这一点，其原因也不难理解：一是西医在中国发端于传教成员自身的健康需要，这些医院的医护模式都是"西医"，与"中医"截然不同；二是医院开办者都是"洋人"。与 16 世纪天主教初次传入时需要依靠"利玛窦规矩"打开局面不同，在康熙末年（1719 年）全部禁教 100 余年后 ❷，清末西方列强是用武力打开了国门，作为"医务传教"场所的教会医院，从维护宗

❶ 这 95 家医院中，存在同一家医院发展为两家当代三家医院的情况，因此，文中有"根据 2008 年《全国三甲医院名单》，我国 773 家三甲医院中，约有 96 家历史百年以上"这样的论断。

❷ 甄鹏. 关于明清天主教传播的几个问题——清廷百年禁教杂谈 [J]. 中国天主教 . 2004, 05: 33.

教权威性角度采用西洋建筑风格"顺理成章"。

　　以我国大陆最早创设的博济医院为例。该医院 1835 年在广州外国商馆区设立时，尚未有确认西医院合法性的正式条文。1842 年《南京条约》的签订使博济医院传教医师们认为，他们的努力"不必再被局限于帝国的一角，他们的医院也不用再被限定在一个地点，被那里专制而无能的政府所疑忌，受到其约束和监视系统的保卫，只能跟有限的、不确定的人群打交道"。❶1854 年后美国医师择址新建博济医院，采用的是西式建筑风格（图 3-2）。

　　这一时期医院案例的总体布局清楚表明了，建立教堂才是主要意图。一份传教报告中说："医院和教堂总是密切联合，正是建筑物的格局表明了建立教堂才是主要意图。大礼拜堂和它的旁厅居于正中，男子医院、女子医院和学校紧密围绕着它。"❷

　　继《南京条约》后，1844 年《中美望厦条约》签订，美国、法国人可以在五口岸❸建造医院；1858 年，英美法俄凭借签订的《天津条约》等，可以进入十处通商口岸。随着一系列不平等条约的签订，与博济医院的创设发展类似，越来越多的西式建筑形式医院随开埠城市的时空格局，从东部向中部、从南方往北方，逐渐扩散到中华腹地（图 3-3）。

图 3-2　左 - 传教医师在华诊疗场景；右 - 择址新建的博济医院

❶　嘉惠霖，琼斯. 博济医院百年（1835～1935 年）[M]. 沈正邦译. 广州：广东人民出版社，2009.

❷　杨念群. 再造"病人"——中西医冲突下的空间政治（1832～1985 年）[M]. 第 2 版. 北京：中国人民大学出版社，2013.

❸　指广州、福州、厦门、宁波和上海。

图 3-3　上左 - 成都存仁医院（美国美以美教会，1892 年），上右 - 汉口仁济医院（英国基督教会，1866 年）；中左 - 新乡博济医院（英国基督教会，1896 年），中右 - 南京鼓楼医院（英国基督教会，1892 年）；下 - 北海普仁医院（英国基督教会，1886 年）；

2　教会与国立医院风格互换

清末民初，教会医院的建筑风格形式发生了转变：一些教会医院弃用西洋建筑形式而采用了中国传统建筑形式，而同期逐渐增多的、由国人创设的医院，则多采用西式建筑风格（图 3-4、图 3-5）。

尤为戏剧性的是，同一个建筑师在同一时期，于同一城市承接同类建筑设计任务，因业主不同而采用了不同建筑风格：即国人出资建造的建筑为西式，外国人出资建造的建筑为中式。加拿大裔的美国建筑师哈利·赫西（Harry Hussey）在北京的两个医院项目就是这样；学校项目也有相同情形，如美

图 3-4 上左：湖南长沙湘雅医院（美国教会，1913年），上右：北京协和医院（美国，1921年）；下左：华西协和医院（美英加三国教会，20世纪20～40年代），下右：河南开封福音医院（英国教会，1906）

 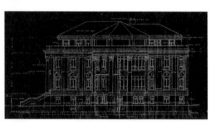

图 3-5 上：北京中央医院（1918年）；下左：广东公医医科专门学校附设公立医院（1910年），下中右：上海中国红十字会总医院（1907年）和四明医院（1922年）

国建筑师墨菲在北京的两个学校项目（图3-6）。

为何中外方出资建造的建筑风格产生了"互换"情形？来看看当时的社会背景。世纪之交，发生了两大事件，一是1898年的"戊戌政变"，一是1900年义和团"扶清灭洋"，八国联军打进北京。每一场战争和冲突过后，冲突双方都要作出调整。在欧美教会方面，吸取"民教冲突"教训，在中国加强"基督教本土化"。教会在中国的建造活动主要有教堂、学校和医院三种类型，由此"基督教本土化"的一个突出表现，就是

图 3-6　同一建筑师设计的同类建筑因业主不同采取不同形式

建筑师　　　　　　　　建筑作品　　　　　　　　业主代表

北京中央医院（1918 年）

中国　伍连德

哈利·赫西

北京协和医院（1921 年）

美国　洛克菲勒

建筑师　　　　　　　　建筑作品　　　　　　　　业主代表

清华大学（1919～1921 年）

中国　周诒春

H. K. 墨菲

燕京大学（1924～1926 年）

美国　司徒雷登

各地教会学校和教会医院采用中国传统"大屋顶"建筑形式 ❶（图 3-4），尽管建筑师或主持建设的医师是西方人。

　　传教士刚恒毅的话可以解释这一现象："建筑术对我们传教的人，不只是美术问题，而实是吾人传教的一种方法，我们既在中国宣传福音，理应采用中国艺术，才能表现吾人尊重和爱好这广大民族的文化、智慧的传统。采用中国艺术，也正是肯定了天主教的大公精神。" ❷ 在天津成功主持教会医

❶　秦佑国 . 中国现代建筑的中国表达 [J]. 建筑学报 . 2004, 6: 20.

❷　刚恒毅 . 中国天主教美术 [M]. 台中：台湾光启出版社，1968.

院多年的英国传教医师马根济，也曾建议在华创办医院的传教医生，"在不牺牲效率的前提下，应当将他的西方理念尽可能地与中国人的感受保持一致。" ❶

　　这是为了打消中国人对西医院的疑虑。中国人自古没有把病人委托给陌生人照料的传统，病人在家中接受医生的诊疗，由家人护理至康复。对于作为异域文化传播之地——教堂延伸的西医院，有陌生感受是自然的，因此，西医院的建造者尽力把医院打造成充满本土人情化氛围的场所。

　　在清政府方面，1900 年以后则推行"新政运动"，废科举、兴学堂，旧衙门改新政府等。这时学堂建筑和政府建筑都采用西洋建筑形式（图 3-7），并扩展到普通民用和商业建筑，这个趋势在清王朝被推翻之后继续存在。在医疗卫生方面，清政府改革医政，自 1906 年开始陆续创设了由民政部卫生司直接管辖的多家医院，即一般文献所称的"官医院"或"京城官医院"，服务对象是"京城官吏和居民，以及陆海军军官和士兵、新制学堂学生、伤病急切者和巡警人员等"。❷ 这些医院并没有因清政府灭亡随即消失，而是经营到 1920 年左右。

❶　Michelle Campbell Renshaw. Accommodating the Chinese: the American Hospital in China, 1880-1920 [M]. New York: Routledge, 2005.

❷　文庠. 试述清代医政的嬗变 [J]. 南京中医药大学学报（社会科学版）. 2006, 7 (4) :212.

图 3-7　左 - 国立清华大学（1921 年）；
右 - 清政府陆军部（1906 年）

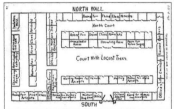

图 3-8　左 - 清民政部内城官医院平面图；
右 - 入口照片

与学堂和政府建筑采用西式建筑风格的做法不同，这些官医院采用的均是中式建筑风格（图 3-8）。这样做一方面降低了医院的创设成本；另一方面，也与当时传统医学为主流、西医尚难以为中国民众接受的社会环境密不可分。

中国人自古并没有把病人委托给陌生人加以照顾的传统，病人是在熟悉的亲情环境中接受的传统医学诊疗，并主要由家人护理。西医基于病理解剖的医学观念、诊疗的私密性与"托管"式住院空间等特性，在初传入中国时遭遇妖魔化并难为大众接受。甚至到了 1930 年，还有人将西方医疗空间氛围形容为："宇墙崇闳，器械精良，由门而庭，俨如王者，病者受传呼而入，则入于博士诊病之室，白昼而玻窗也，必四周以曼幔，绝不通一丝之阳光，张电灯而从事，病者仰望医生，如见阎罗王"❶，以此为传统医学辩护。

为此，一些传教医师在华经营医院时，为得到中国人的认可，"在纯粹临床治疗的理性监控之外，设法保留或模仿病人原有的家庭环境及人际关系，从而最大限度地消除病人的疏理感"。❷

清政府官医院在民众熟悉的环境中提供中医与西医两种诊疗方式供选择，还采用西医"委托制"设置病房。但病房采用了一种在中国很常见的本土化模式：小间，以 1～2 床间为主围绕中央庭院布置，这与当时欧美医院采用大开间、多床间的病房形式完全不同。西方学者对此评论道，这是清政府在努力保留传统医学的同时，向本土引介西医学的一种方式；清政府官医院没有将新（西医）与旧（中医）对立，而是给予二者同等机会，让它们用各自的方式来"适者生存"。❸

之后，西方医学最新成就和方法在清末几次大瘟疫中发挥的巨大作用，使西医和"防疫"、"公共卫生"等西方现代

❶ 杨念群. 再造"病人"——中西医冲突下的空间政治（1932～1985 年）[M]. 北京：中国人民大学出版社. 2006.

❷ 杨念群. 再造"病人"——中西医冲突下的空间政治（1932～1985 年）[M]. 北京：中国人民大学出版社. 2006.

❸ Michelle Campbell Renshaw. Accommodating the Chinese: the American Hospital in China, 1880–1920 [M]. New York: Routledge, 2005.

医学概念一起逐渐为国人接受。官医院初开办时，以中医为主西医为辅，后来变为纯粹的西医院。

但这些开设时中西医兼有的医院，与直接开办的西医院相比不具优势，这在中国人集资建立的第一家西医综合医院——北京中央医院（1918 年开业）的创办中也得到了印证。医院创办倡议人伍连德博士（1879～1960 年），曾喟叹当时"北京首善之区，中外观瞻所注，求一美备之医院亦不可得"、"全国之中稍觉完善之医院均为外人所设"。❶

与官医院相比，北京中央医院创设时，采用从功能空间到外观形式都完全西方化建筑物的社会条件要更为成熟；相似的，在西医广为接纳的社会环境中，也有许多国人主办医院采用了西式建筑风格。

3　租界与租借地的医院风格

租界、租借地的外国人办医院，采用何种建筑风格多由医院的社会角色决定。在城市成为租界初期，一些面向本地百姓开设的教会医院会采用中国传统房屋样式，以隐藏外资背景。如 1846 年，基督教伦敦会在麦家圈附近（今山东中路福州路南）准备建造上海仁济医院时，道契上明确写道："该处须造中国式房屋以免动人疑怪"。❷

而在使馆区、租界区及租借地，以服务该区域外国人为主要目的的医院建筑，多数采用西式建筑风格（图 3-9）。如 1900 年庚子之乱后，德国人 1905 年在北京东交民巷辖区内建的德国医院，主要为居住在东交民巷的各国军队、侨民及少量的达官贵人提供医疗服务。

作为外来的先进文明生活方式场所，这类西式医院建筑已

❶ 伍连德. 北京中央医院之缘起及规划 [J]. 中华医学杂志. 1916, 1～2: 461.

❷ 伍江. 上海百年建筑史（1840～1949 年）[M]. 上海：同济大学出版社, 1997.

图 3-9 左－北京德国医院(1905 年)；中－满铁奉天医院（1912 年)；右－日本抚顺炭矿病院（1909 年）

成为展现主办国实力的工具之一：不仅是围绕病人需求设计的功能性场所，还有着多重身份象征：权力、实力、先进文明与拯救等。这些身份象征主要通过西式建筑风格、巨大建筑规模和先进建筑设计与技术等来展现，建筑元素"在政治现实之下等于国家权力在人民前的展现方式"❶，即使这种展现意味着更多资金投入。

例如，由匈牙利建筑师拉斯洛·邬达克（Ladislaus Edward Hudec）1923 年设计、1926 年竣工的上海宏恩医院（Country Hospital），采用了三段对称式意大利文艺复兴风格的古典外观设计（图 3-10）。而参见上海其他建造案例可知，采用西式建筑外观并不经济："1855 年当工部局决定建筑巡捕房时，曾有人建议采用中国式建筑，因为这样可以大大节省造价。然而最后还是决定采用比中式房屋贵 20 多倍的西式建筑"。❷

再如，日本在东北地区建设于 1917 ~ 1925 年间的满铁大连医院（图 3-10）。该医院建设时因第一次世界大战爆发仅修建了部分建筑物，但当美国人出资建设的、被誉为"中国式宫殿里的西方医学学府"北京协和医院一期工程于 1921 年完工后，满铁受此影响决定重启医院建设以树立形象，并将规模更改的更庞大，且弃用日本设计师改请美国公司设计施工。1925 年满铁大连医院竣工时，堪称东亚最大规模的医院建筑，虽然 20 世纪 20 年代欧美已有建筑开始向多层、高层化发展，但该医院这样的高层医院建筑在世界范围仍属少见；在平面设

❶ 夏铸九．现代性的移植与转化：论现代建筑在台湾的论述形构与汉宝德的建筑省思．卢永毅．建筑理论的多维视野 [C]．北京：中国建筑工业出版社，2009–12：380．

❷ 伍江．上海百年建筑史 1840 ~ 1949）[M]．上海：同济大学出版社，1997．

计和施工技术方面也堪称"东亚最先进的"。❶

　　西泽泰彦在论述该医院建设始末时指出，满铁"作为中国东北地区的统治机构，有必要向内外炫耀其影响力。满铁建设以大连医院为首的各地医院，并不只是作为日本人的医疗设施，还包含着它控制中国东北地区，以及居住在满铁附属地内的中国人的意图。怀有此意图，满铁新建医院的建筑则必须是东亚最大规模，必须使用最先进的技术"。❷

❶ 西泽泰彦. 旧满铁大连医院本馆建设过程及历史评价. 汪坦, 张复合. 第五次中国近代建筑史研究讨论会论文集 [C]. 北京：中国建筑工业出版社, 1998-03: 150.

❷ 西泽泰彦. 旧满铁大连医院本馆建设过程及历史评价. 汪坦, 张复合. 第五次中国近代建筑史研究讨论会论文集 [C]. 北京：中国建筑工业出版社, 1998-03: 149.

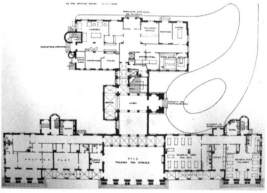

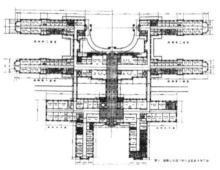

图3-10　上 - 上海宏恩医院外观与首层平面；下 - 满铁大连医院外观与首层平面

4　早期三类风格的典型案例

　　下面以"中式教会医院"、"西式国立医院"和"中西混合式教会医院"为题，对早期医院典型个案进行详述，结合医学社会史史料分析社会环境对早期建筑形式的影响。

4.1　中式教会医院

（1）苏州博习医院（1883～1922 年）

苏州博习医院（Soochow Hospital）由美国医疗传教士柏乐文（William Hector Park）和蓝华德（Walter R. Lambuth）创建，是美国基督教监理公会的得意之作❶，美国教会刊物称之为中国内地首所正式西医医院。❷ 博习医院从初建到后来改扩建均采用了中式风格。

初建于 1883 年、由蓝华德主持设计的博习医院，是围墙包围八幢中式平屋形成的一个传统院落，平面布局清晰地由"医务传教"建设目的和西式医院理念引导着❸（图 3-11 左）。医院设置两个出入口，建筑群南端主入口东侧是教堂，西侧是门诊，院区中部是手术室，中北部是病房，病房北部是辅助用房，其西北相邻而建隔离病区。

1919～1922 年，博习医院在原址上拆旧建新，从 30 床扩至 100 张床位，由上海 G. F. ASHLEY 建筑公司设计（图 3-11）。由于清王朝覆灭，医院收购了附近苏州砖窑为清皇宫特制的金砖，作为这次扩建的建筑材料❹，旧址现存建筑外墙上至今仍可见"光绪十五年成造细料二尺二寸见方金砖"等清晰字样。

这次医院扩建在总体规划、细部风格和功能空间结构方面与初建时有了明显差异。总体规划设计采用了中国传统建筑群常用的中轴线对称布局，门诊用房为多层建筑，采用了中式大屋顶，一层为各科诊疗室；病房楼为"凹"字型平面的平顶楼房，顶层中部为肺病疗养室，东西两翼为屋顶花园，各功能用房间有连廊连接。

博习医院教堂在医院初建时期院中的重要位置和宽裕面积，是医院作为医务传道场所的表现。正如一份传教报告中

❶ 王国平. 从苏州博习医院看教会医院的社会作用与影响 [J]. 史林. 2004,（03）: 85.

❷ 中华监理公会年议会五十周年纪念刊 [R].1935: 71.

❸ Michelle Campbell Renshaw. Accommodating the Chinese: the American Hospital in China, 1880-1920 [M]. New York: Routledge, 2005.

❹ 原文为："本院门诊室悉用北平建筑皇宫之金砖造成，当时制造是砖之窑适在苏城之外，本院于废清时将其所余旧砖悉数购得。须知，此砖于民国之前实无法可得之者也，是以此为苏城唯一庄严之建筑物也，明矣"。引自：张战卫. 博习医院建筑文化的读悟 [J]. 档案与建设. 2003, 06: 35.

Soochow Hospital

G. F. Ashley, Architect
China Realty, Co., Ltd.

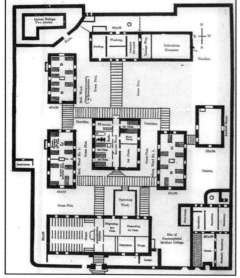

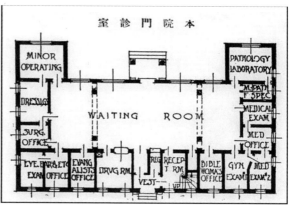

所说的："医院和教学总是密切联合，正是建筑物的格局表明了建立教堂才是主要意图"。❶

图3-11　左-1883年的博习医院；右-1922年的博习医院

而医院原址重建时的大环境趋势是，20世纪西医传教士与19世纪相比有了很大变化。"面对中国本土文化策略的万股抵御和现代科学话语霸权地位的全面奠定"，西医传教士由过去身兼诊治病人和传教的双重角色，向诊治病人的世俗角色倾斜。另外，1915年，因该地区信徒倍增，监理会新建了可容纳800余人的圣约翰堂，与博习医院毗邻，医院扩建时不再设置医院教堂，改为规模较小的传教室（图3-11右下），并在二楼职工宿舍中辟一间供传教士用。至此，医院完成了由最初的传教附属设施向当地医疗服务经营实体的社会角色转变。

❶ 杨念群. 再造"病人"——中西医冲突下的空间政治（1932～1985年）[M]. 北京：中国人民大学出版社，2006.

（2）北京协和医院（1919～1921 年）

　　北京协和医院老建筑群（图 3-12）由美国洛克菲勒基金会出资建设，与医学传教密切相关。约翰洛克菲勒（John D. Rockefeller）曾说，"希望协和医学院不仅在医学方面展示给

图 3-12　北京协和医院（1921 年）。上 – 鸟瞰图效果图；中 – 室外照片；下 – 手术室与病房室内场景

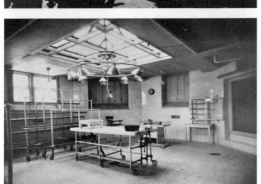

中国人西方文明的最好形式，而且在脑力发展和精神文化方面做出表率"。❶ 为此，基金会于 1909～1915 年间多次组织团队，在中国考察了 10 余座城市、近百家医院。基金会希望北京协和医学院及其附属医院的建筑设计能与学院定位相联系，能够象征"发展中的中国文明的有机组成部分"。❷

在选定建筑师之前，洛克菲勒基金会曾就采取中式还是西式建筑风格开展过广泛社会讨论。参与一期工程筹建的建筑顾问、美国建筑师库利奇（Coolidge）不赞同中式风格。他认定"中国建筑基本上是一个屋顶的问题"❸❹；这类屋顶沉重、耗材并高度密闭，在适应新功能方面既存在技术难度也增加造价，若采用中式则更多是出于审美需要而非建筑技术需要。此外，中国政府新成员、清华学校第二任校长周诒春也倾向于采用西式风格，周诒春认为用以教授最新西方医学教育理念的建筑场所，应该展示该类型建筑的最新文明理念。

洛克菲勒基金会支持中式风格。基金会认为清末中国政客和知识分子比以前更加强烈拥护西方科学，他们要迎接的挑战之一，是怎样使西方科学为人熟知，同时减弱入侵本土传统医学的印象。北京协和医学院及其附属医院的建筑设计，需要在表达对中国传统的尊重基础上，根据西方专业标准提供适宜的卫生场所传授西方医学实践。因此，教会建筑中常用的中式风格再合适不过了。

基金会在各方意见难以统一情况下，找到了有在华实践经验、有"传教士建筑师"之称的哈利·赫西。从利用基地上已有清代建筑出发，赫西规划设计了一期 16 栋宫殿式建筑群。协和医院采用了一些在当前实践中仍然发挥着重要作用的现代医院设计原则，如医院进行了医疗区、后勤辅助用房区和教学区的功能区域划分，并预留发展空间；采用连廊将各建筑

❶ 杨念群. 再造"病人"——中西医冲突下的空间政治（1932～1985 年）[M]. 北京：中国人民大学出版社. 2006.

❷ Jeffrey W Cody. Building in China: Henry K Murphy's "Adaptive Architecture" (1914-1935) [M]. Seattle: the University of Washington Press, 2001.

❸ Jeffrey W Cody. Building in China: Henry K Murphy's "Adaptive Architecture" (1914-1935) [M]. Seattle: the University of Washington Press, 2001.

❹ 郭伟杰. 谱写一首和谐的乐章——外国传教士和"中国风格"的建筑，1911～1949 年 [J]. 中国学术. 2003, 1: 77.

❶ 伍连德.北京中央医院之缘起及规划
[J].中华医学杂志.1916,1~2: 461.

单体全部连接在一起；建筑平面采用二次候诊空间设计等。

但北京协和医院老建筑群绝非仅是建筑师运用建筑设计专业知识的理性成果。无论是前期的中西建筑风格之辨，还是二期变更计划、扩建门诊功能，都是从中国当时社会需求出发，兼顾了社会民众心理和本土就医习俗的综合结果。

4.2　西式国立医院

（1）北京中央医院（1916 ~ 1918 年）

如前所述，北京中央医院（今北京大学人民医院）是中国人集资建立的第一家西医综合医院（图 3-13），由留英归国的伍连德博士建议创设并担任首任院长。伍博士有感于当时"北京首善之区，中外观瞻所注，求一美备之医院亦不可得"，且"全国之中稍觉完善之医院均为外人所设"❶，遂立志建设一所堪与美国医院媲美的现代化医院，树立中国医院典范以发展中国的医学科学事业。为使医院"以副模范名实"，伍连德博士特别

图 3-13　北京中央医院（1916 年）。 左：由上至下 – 透视图，正立面图，地下一层平面；右：由上至下 – 首层平面、二层平面与三层平面

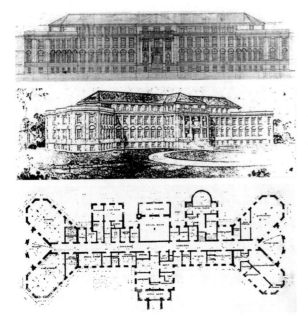
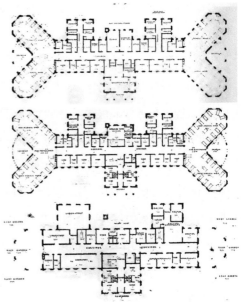

邀请了哈利·赫西担任建筑师"仿美国极新医院"设计。❶

　　美国建筑师哈利·赫西在华设计了多家医院，其中最为著名的就是北京中央医院与北京协和医院这两家，而这两家医院因业主对医院的社会定位不同，出现了本文前述：同一建筑师、同一时期、同一城市、同一类型建筑却采用迥然相反形式风格的戏剧化一幕（图 3-6）。

　　1918 年《创建中央医院记》碑文对这所医院赞誉道："与欧美诸州并荣齐列，岂不盛哉"，说明业主对建筑师的这一作品是满意的。不过，从建筑设计角度来看，北京中央医院并非哈利·赫西最值得称道的在华医院作品。其对称的西式外观，对平面的医疗功能布局是种束缚，二者未能很好契合。这是因为北京中央医院缺乏采用传统对称式建筑外观的功能前提。西方近代医院采用轴线对称建筑形式的功能前提，是医院平面分设男女诊疗区，并以教堂为中心对称设置，从而平面与外观达到高度契合；而中央医院建造时，中国社会已不要求医院分设男女诊疗区域，且医学技术的发展使得门诊与医技初具现代医学流程、功能用房繁杂，难以简单代入对称格局中去。

　　（2）广东公医医学专门学校附设公医院（1916~1918 年）

　　广东公医医学专门学校及其医院，是在当时民众不甘心由外国人操纵医务权而谋求医界独立的情势下❷，由 40 名华人绅商名流募资开办的，并获得了美国长老会传教医生达保罗（Paul J. Todd）的协助。学校校董全由华人组成，附属医院自 1911 年创设时起聘请了达保罗担任院长直至 1925 年，在当时的广东，国人办医院聘请外国医师来主持实属平常。

　　医院无论是 1911 年建造的、还是 1918 年完工的建筑物，均采用了西式建筑风格。例如，医院"1918 年在柏子岗、蟾蜍岗建成新校舍和新医院"（图 3-14），容纳了门诊赠医所及

❶ W. Heffer, Wu Lien-teh, Plague Fighter.the Autobiography of a Modern Chinese Physician[M]. Cambridge, 1959.

❷ 吴枢，张慧湘. 近代广东的西医传播和西医教育 [J]. 广州医学院学报 . 1996, 24（06）: 8.

图 3-14　广东公医医学专门学校附设公
医院住院部（1918 年）与现状

收费门诊、医技和病房等医学功能，设置了 150 ～ 160 张病床，为红墙绿屋顶的欧洲王宫古堡式建筑物。

目前尚未找到确切描述该医院何以采用西式风格的文献资料。不过，从国人创建西式建筑风格北京中央医院的历程，不难推论，国人本着谋求医界独立目的建造的附设公医院，之所以采用西式建筑风格，极大可能同样出于彰显国立医院能与国外现代化医院匹敌的社会定位目的。

4.3　中西混合式教会医院

（1）长沙湘雅医院（1913 年）

湘雅医院附属于湘雅医学院，后者是闻名于世的"耶鲁－中国计划"实施的重点工程 ❶，由美国建筑师墨菲（Henry Killam Murphy）及其合伙人参照北京明代宫殿风格规划设计而来，而医院建筑部分则由资助人推荐的建筑师罗杰斯（John Gamble Rogers）设计，这是首例由建筑师设计的中国早期医院建筑 ❷，在此之前的医院多由医师主持建造。

鉴于长沙的悠久历史，加上此地 1910 年爆发的清王朝覆灭前一次大规模民变——"抢米风潮"引发的社会不安情绪尚在，1913 年筹建雅礼医学院及医院时，由湖南省府与美国雅

❶ 杨念群. 再造"病人"——中西医冲突下的空间政治（1932~1985 年）[M]. 北京: 中国人民大学出版社. 2006.

❷ Michelle Campbell Renshaw. Accommodating the Chinese: the American Hospital in China, 1880–1920[M]. New York: Routledge, 2005.

礼会合作成立的委员会想尽量采用本土化建筑风格，以弱化委员会的美方背景。委员会最终确定整体规划设计要体现"历史"与"发展"双重定位，在延续中国传统建筑遗产同时融入美国的现代建筑设计理念，在建筑群组中，医院建筑定位则偏重于"发展"。

时任湘雅医院院长的为首任院长胡美（Edward H. Hume）（图 3-15）。胡美是西医传教士，毕业自耶鲁大学，受耶鲁大学传教团派遣到中国湖南开创医学事业，有着传教医师的典型经历：自湘雅医院 1906 年在长沙正式挂牌开张后，在本地病人狐疑猜测注视下，他逐步掌握了适应"充满'异教'氛围的荒蛮之地"生存之道。❶

胡美认为，为使中国人真正认可西医医疗建筑空间，必须考虑"在纯粹临床治疗的理性监控之外，设法保留或者模仿病人原有的家庭环境及人际关系"，以消除"病人的疏离感"❷，

图 3-15　长沙湘雅医院（1913 年）。上：由左至右 - 正立面图，现状；下：由左至右 - 鸟瞰图，右二为胡美

❶　杨念群. 再造"病人"——中西医冲突下的空间政治（1932～1985 年）[M]. 北京：中国人民大学出版社，2006.

❷　杨念群. 再造"病人"——中西医冲突下的空间政治（1932～1985 年）[M]. 北京：中国人民大学出版社，2006.

❶ Michelle Campbell Renshaw. Accommodating the Chinese: the American Hospital in China, 1880-1920 [M]. New York: Routledge, 2005.

胡美自然不会反对医院建筑采用中式风格。

最终实施的湘雅医院，以中西混合形式表达医院所设定的在本土"历史"中"发展"的社会定位。美国建筑师罗杰斯缺乏中式建筑设计经验，借助在美休假的胡美带来的中国建筑资料，罗杰斯最终设计了被当地老百姓称为"红楼"的这所 400 床医院建筑（图 3-15）。为了表现出当地特色，医院采用了中式屋顶，但屋顶设计完全依赖于罗杰斯的理解和诠释。❶ 除了使用中国古建筑中没有的红砖、混凝土等现代建筑材料，建筑主体部分采用了西式建筑造型比例。

（2）武昌同仁医院（1916-1918 年）

武昌同仁医院（The Church general Hospital at Wuchang）是原来分设的两家男女教会医院合并后建设的全新建医院，

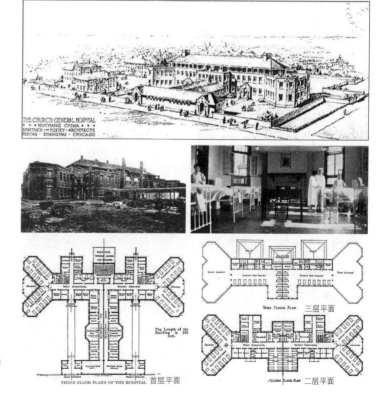

图 3-16　武昌同仁医院（1916 年）。上：鸟瞰图；中左 – 实景；中右 – 端部大病房内景；下三图：首层平面、二～三层平面

是美国建筑师哈利·赫西在北京协和医院、北京中央医院之
外，在华的另一项医院建筑作品。

　　该医院平面与形体轮廓与北京中央医院颇为相似，但建
筑风格为中西混合式：赫西根据门诊与住院病人对医院熟悉程
度的不同，将接纳大量的、对医院不甚熟悉的当地首诊病人
的门诊用房设计为中式建筑风格，将接纳少量的、对医院更
为熟知的复诊病人的住院部设计为西式建筑风格。

　　在中式部分，赫西没有像许多同时代外国建筑师在华常
做的那样，对宫殿或庙宇进行模仿，而是采用了中国农村常
见的、更为谦逊的夯土建筑风格 ❶（图 3-16）。此外，由原来
分设的男、女医院合并而成的同仁医院，平面与西方欧洲教
会医院表现出更多一致性：医院男女诊疗区域对称布置，入口
处设有等候空间等，之后经由接诊处置等空间前往病房区域，
或者（探视者）通过室外通路直达各自病房区域，在末端中
部是连接男女两区域的教堂。与北京中央医院相比，赫西的
武昌同仁医院设计因中西形式的灵活运用、平面与外观对称
设计的高度契合，显得更为出色。

5　西医院的建筑遗产与隐患

　　中国早期医院建筑风格形式的发展变化反映了清末民初社
会政治和文化意识的演变，反映了外国教会在中国传教的宗旨
和策略的变化，反映了西医在传统医学占主流的社会中由受排
斥到被接受的变化，还反映了医院作为殖民政权实力展示场所
的变化，早期医院的建筑风格形式承载了丰富的历史信息。

　　本章将早期医院建筑风格形式粗略分为中、西两种风格
及其混合形式进行讨论，从而得出前述结论。细究起来，尚

❶　Michelle Campbell Renshaw. Accommodating
the Chinese: the American Hospital in
China, 1880-1920 [M]. New York:
Routledge, 2005.

有设计水平、建造技术与材料等因素影响着早期医院建筑最终风格形式的形成。例如，西式医院建筑会因为本地工匠建造的缘故而掺杂了本土元素，1892 年建造的南京马林医院（今鼓楼医院）即如此，该医院为西式风格建筑物，但墙上装饰花纹有部分图案为中西合璧式，"说明当时的建筑只是美国传教士的大致手绘草图，并非具体详细设计"❶，由当地工匠发挥的部分就采用了中式图案。

技术和材料方面可参考华西协和医科大学的中西合璧案例，有学者认为这些建筑物之所以"中西合璧"，还有"未曾言明的技术及经济上的理由"，即西方建筑形式建材昂贵，一些建筑技术和必要材料本地缺乏，尤其是西方屋面处理的技术和必要材料等，因此采用本地产建材和成熟的技术做法。❷

此外，20 世纪 30 年代前教会建筑本土化时，中国传统建筑的本土系统调查研究尚未出现。❸ 中国传统建筑的最早研究文献来自欧洲和日本学者，如 20 世纪初德国鲍希曼（Ernst Boerschmann）的德文著作《中国的建筑与景观》和《中国建筑》，以及日本伊东忠太对其 20 年来中国建筑研究的总结《中国建筑史》（出版于 1925 年）。但对这类著作，梁思成评论说："他们没有一个了解中国建筑的文法，对中国建筑的描述一知半解"❹；"外国人要模仿中国的建筑，只能从他们最羡慕和钦佩的铺满琉璃瓦的宽阔的大屋顶入手"。❺ 因此，本土化教会建筑的文物价值要重于建筑艺术价值。

需要指出的是，从建造的社会背景和出发点而言，这一时期的中式教会建筑不宜与后来中国建筑的民族形式混为一谈。在北伐战争以后国民党统治中国的 1928 ~ 1937 这 10 年间，日本帝国主义对中国的觊觎、中国经济建设的发展，激起了强烈的民族情感。"中国本位"、"民族本位"、"中国固有之形

❶ 刘先觉，杨维菊. 建筑技术在南京近代建筑发展中的作用. 汪坦，张复合. 第五次中国近代建筑史研究讨论会论文集 [C]. 北京：中国建筑工业出版社，1998-03: 91.

❷ 董黎. 华西协和大学建筑考. 汪坦，张复合. 第五次中国近代建筑史研究讨论会论文集 [C]. 北京：中国建筑工业出版社，1998-03: 137.

❸ 我国本土系统研究起步于 1930 年在北京成立的中国营造学社。——作者注

❹ 赖德霖. 鲍希曼对中国近代建筑之影响试论 [J]. 建筑学报，2011，5: 98.

❺ 郭伟杰. 谱写一首和谐的乐章——外国传教士和"中国风格"的建筑，1911 ~ 1949 年 [J]. 中国学术. 2003，1: 77.

式"成为一时的口号，1929 年"首都计划"更是明确提倡"要以采用中国固有之形式为最宜，而公署及公共建筑物尤当尽量采用"，许多重要的政府和公共建筑普遍采用中国传统建筑形式。

如上海市政府大楼（1933 年，董大酉）、武汉大学（1933 年，开尔斯）、南京国民党党史馆（1935 年，杨廷宝）、南京中央博物院（1936 年，徐敬直）等。这一时期的中国建筑的民族形式虽然和教会大学、教会医院的中国式建筑形式上相同，但应注意：二者背景和出发点却很不相同，不宜混为一谈。

与西医在中国的传播一样，中国清末民初的知识精英对待医疗建筑也存在着由模仿到角力的复杂心态，国人筹资请美国建筑师赫西来设计北京中央医院，即是这种心态的反映。西医院与西医这个舶来品一样，也面临着进入本地文化系统后筛选与适应的过程。

带有鲜明西方文化烙印的西方现代医院，其三个特征（即为他人提供帮助服务、面向所有人需要医疗服务的病患开放、限定病人在医院居住）在初传入期，因为难以为国民理解与接受而充满了权宜之计。除了前文所述，西医院建造者采用了本土建筑形式来营造本土医学氛围外，西医院运营中还向本土就医习俗妥协："医院的病房中充斥着各种食物、物品等，使医院活像个肮脏的储藏室。……家庭用自己的方式照顾病人，因为他们不信任护士，如果医生或医院机构反对这样做，他们就把病人带回家"。❶

清末民初西医院的"移植"历史，有实物建造无建筑设计理论研究，有现代化场景与设施，无现代生活与观念。这种非理性的医院建筑发展状态、医院建筑与社会生活错位的使用场景一直持续到 21 世纪。

❶　杨念群. 再造"病人"——中西医冲突下的空间政治（1932～1985 年）[M]. 北京：中国人民大学出版社. 2006.

当代西方医院建筑：以英国、荷兰和德国为例

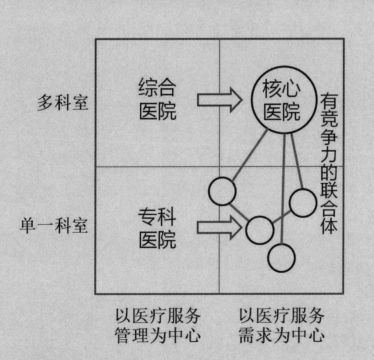

多科室

综合
医院

核心
医院

有竞争力的联合体

单一科室

专科
医院

以医疗服务
管理为中心

以医疗服务
需求为中心

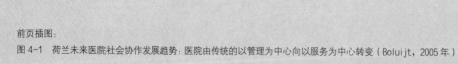

前页插图:

图 4-1　荷兰未来医院社会协作发展趋势: 医院由传统的以管理为中心向以服务为中心转变（Boluijt，2005 年）

本章介绍同一时代（当代）、西方不同国家的社会环境中各具特色的医院建筑，分析形成医院建筑特色的社会驱动因素，以作者实地走访过的三个欧洲高福利国家——英国、荷兰和德国的医院建筑为例进行深入讨论。

在介绍当代西方医院建筑之前，让我们先来了解一下西方医疗服务提供体系的情况。

1　西方医疗服务的供给

第二次世界大战后，西方国家陆续建立了具有福利性质的医疗卫生制度，看病就医有制度安排，实现有序就诊，并近乎免费向国民提供基本医疗服务。[1] 其中与中国最显著的不同之处在于，西方国家普遍有采用全科医生服务的传统。病人在社区诊所由全科医生（General Practitioners，GPs）初诊后，经全科医生同意才能去医院门诊就诊，这种转诊制度俗称初级医疗"守门人"制度（图 4-2）。

转诊制度是由功能定位不同的各级机构组成的现代医疗服务提供体系得以高效运转的基本游戏规则。[2] 通过这种制度，可按所患疾病的轻、重、缓、急以及治疗的难易程度将病人进行分级，由不同级别的医疗机构承担不同疾病的治疗。分级诊疗以患者健康为中心，整合了医疗卫生体系各个层次、各个方面的资源，实现各类机构通力合作，是一种以全方位、全生命周期的健康为目标的健康保障模式。[3]

西方广为社会所接受的全科医生的培训和服务方式，是西方现代分级医疗服务体系构建之前就存在的传统社会事物。例如，1948 年英国 NHS[4] 成立时，是基于已有医疗资源构建的三级卫生服务提供体系。将当时已有的全科医生作为初级社区

[1] 李玲. 分级诊疗的基本理论及国际经验 [J]. 卫生经济研究 . 2018，01: 8.

[2] 例如，1993 年英国爱丁堡世界医学教育高峰会议指出："一个效率高、成本效益好的卫生体制必须有全科医生对病人进行筛选，解决大多数病人的健康问题，而只把很小一部分病人转诊给专科医生"。引自: 董哲，韩黎丽 . 世界医学教育高峰会议意见 [J]. 医学教育 . 1994，09: 10.

[3] 李玲. 分级诊疗的基本理论及国际经验 [J]. 卫生经济研究 . 2018，01: 7.

[4] NHS 全称为 National Health Service，即"英国国民卫生保健机构"。

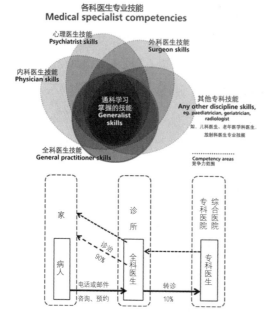

图 4-2　上图：圈中为全科医生专业技能（资料来源：澳大利亚皇家全科医师学院，2007）；下图：英国非急诊病人的卫生服务流程

卫生服务主体力量，通过与政府签订服务合同成为政府雇员。

如今，英国约有 500 家医院、8000 家全科诊所服务于全英国的约 5000 万人口。全科医生约 35000 人，医生（医院和社区服务的医生和牙医）共约 9 万人，医学院培养的毕业生去向中，全科医生占 48%。[1] 服务传统、充足的全科医生人才来源和初级医疗服务体系合理的薪酬，保证了西方初级医疗服务体系"守门人"制度的有效运行。

荷兰医疗服务体系中的全科医生和英国一样，除了有效节省了国家的卫生保健支出，还配合病人就医流程，提供连续医疗服务。例如，在所服务区域人口中老年人比重大的 Vlietland 医院，医生除了在医院中服务外，还在社区兼职，当经过治疗的老人从医院中返回社区时，同一医生可以为其提供连续服务。

美国医院的发展大致与西欧相同，当代情况稍有不同的是，对于那些社会关系最少、缺乏固定医疗保健资源的贫困

[1]　郑炳生. 英国的社区卫生服务与全科医生 [J]. 浙江中医学院学报. 2001, 02: 63.

❶ 威廉·科克汉姆. 医学社会学 [M]. 杨辉，张拓红 等译. 北京：华夏出版社，2000-01.

❷ 英国 NHS 免费医疗服务包括"全科医生服务、医院服务、社区服务、妇幼保健服务、急救服务，以及牙科、眼科和药房服务"等，引自：郑炳生. 英国的社区卫生服务与全科医生 [J]. 浙江中医学院学报，2001，02：62.

人群来说，全科医生服务可及性差，他们没有和医生之间建立连续关系，常通过急诊这种非预约方式被收住院，急诊室逐渐承担了这部分人群的初级保健功能。❶

在英国，全科医生服务属于 NHS 免费医疗服务内容之一。❷ 图 4-3 所示为英国伦敦沃尔德伦社区医疗中心（the Waldron Health Centre）。除了有四位全科医生在此提供诊疗服务外，还提供轻微症状急诊、社区健康访视、学校卫生保健、街区护士、康复治疗护理等服务。

在荷兰，除了全科医生服务，养护服务等也属于初级卫生保健的范畴，荷兰医院附近多设置 1~2 所这类护理中心。图 4-4 所示为荷兰 2010 年开业的海牙皇家养护院（Royal Rustique，Den Haag），总建设投资 700 万欧元，提供老年人所需的护理和养老类综合服务。

转诊制度与医院建筑之间的关联，可以简要概括为：一方面，转诊制度使得医院建筑服务对象的数量和范围缩小，继而对医院建筑的规划位置、功能构成与调整频率、建筑面积指标、环境设施要素等方面产生了重要影响。另一方面医院

图 4-3　英国伦敦沃尔德伦社区医疗中心（Waldron Health Centre）

图4-4 荷兰海牙皇家养护院（Royal Rustique, Den Haag）

的高建设投入、高运营成本的特点，也促使政府大力发展社区医疗服务，将医疗建设的重心向基层医疗机构倾斜。

2 英国医院建筑：理性经济派

英国当代医院建筑与中国、美国、荷兰和日本等国大不相同，在世界之林中独具特色，成就卓著。其中，英国在基于缜密设计研究编制设计指南以指导建设、建造系列医院实验项目以测试设计理论这两方面，始终走在世界前列，并影响了多国的医院建设。

2.1 英国医院建筑的两大特点

英国当代医院建筑的第一大特点是特别注重全寿命周期的投资效益最大化。即在满足一定标准情况下（并不追求极致），尽可能地降低成本，在医院功能达一定标准（并不追求极致）前提下，追求建设投资效益最大化。并为此采用了系统性、多渠道方式以达成目标。如在 20 世纪 60 年代医院大规模建设之初，政府对建设投资实施程序控制。该资金控制程序伴随着医院建设的进行被不断修订和升级：1962 年发布了最早的医疗建设项目投资规范 CAPRICODE（Capital Projects Code），经过历年修订成如今的 CIM（Capital Investment Manual）。早期规范关注建设投资控制，后来逐渐增加了运营费用控制内容。这些医院投资程序对英国医院建筑设计导向产生了重要的影响。

此外，NHS 还主导了"通过设计减少运行费用"（Designing to Reduce Operating Cost，DROC）和关注医院空间使用效率、控制医院规模盲目发展的"空间利用研究"（Space Utilization Studies）系列；NHS 在 1982 年对医疗设施的使用情况进行了调查研究后，出售、转让了部分利用率低的固定资产为新项目提供资金。投资与功能效益最优化也常作为其他主题医院设计研究的基本原则贯穿其中，这些都影响着英国的医院建筑经济性设计的发展。

20 世纪 60 年代末期建造"Best Buy"模式医院时，提出的口号就是"用建一家的钱建两家医院"[1]，之后在全英国大量建造的"Harness"和"Nucleus"模式的医院，着眼点均为通过改进医院建筑设计节省建设及运营资金投入。

英国当代医院建筑的第二大特点是注重设计研究。英国建设了大量的医院实验项目（或称"示范工程"），这在世界范围内是极其罕见的。英国用建造实验项目（demonstration project）检验、评估前期设计研究成果，并将经受住检验的成果用于下一项医院设计，乃至于在更大范围内大量推广应用。以 1961 年建造的拉克菲尔德医院（Larkfield Hospital，Greenock）为起点，至最后一项实验项目旺斯贝克低能耗综合医院（Wansbeck in Northumberland）在 1993 年投入运营，30 余年间，英国建造了数百项基于研究并用于研究的实验项目及其"复制品"。其中数量最多的，是英政府组织研发的"Nucleus

[1] Susan Francis, Rosemary Glanville, Ann Noble, Peter Scher. 50 years of ideas in health care buildings [M]. London: The Nuffield Trust, 1999.

模式"医院，在全英国建造了 130 多家。

英国当代医院建筑特点的形成与英国医学社会环境密不可分。"医疗保健和卫生服务是政治哲学的体现"❶，英国社会和政治价值观影响着医院建设以及资金投入，其中最具决定性的有两个，一是英国施行全民医疗体制；二是英国盛行经验主义哲学。

2.2　英国医院属于并服务社会

英国追求建设投资效益最大化的当代医院建设，与英国临床医学研究致力用最低费用达到同等疗效一样，都是英国施行全民医疗体制的产物。第二次世界大战后百废待兴，英国于 1948 年成立了国民卫生保健机构（National Health Service，NHS），开始实行全民医疗体制。医院运营和建设由中央政府负担，英国社会将医疗设施建设视为与教育设施和住房并重的人民福利基本保障。

NHS 成立时，接手的是一批近百年历史的维多利亚时代老医院，二战后，随着校舍和住房启动现代化建设，英国着手开展全面医院现代化建设以满足新时期社会的医疗服务需求。面对大量涌现的新建设问题，由于缺乏现成的现代化医院样板，英国人考察了同时期欧洲诸国的医院建设。但是，从利用有限资金解决当前需求出发，英政府果断摒弃了照搬他国医院模式的路径❷，转向开展医院设计研究、基于研究建造符合本土需求的医院之路。

NHS 及其建筑物属于并服务于社会，极大地影响了所有设计者的工作方向。❸一方面，英国的全民医疗体制是镶嵌在市场经济体中的计划经济体制❹，英国人自己都认为，公费医疗使"病人应感恩"观念在英政府内部盛行。计划经济的弊

❶ 威廉·科克汉姆. 医学社会学 [M]. 杨辉，张拓红 译. 北京：华夏出版社，2000.

❷ Maru. The Planning Team & Planning Organization Machinery[R]. London: MARU, 1975.

❸ Susan Francis, Rosemary Glanville, Ann Noble, Peter Scher. 50 years of ideas in health care buildings[M]. London: The Nuffield Trust, 1999.

❹ 顾昕. 全民免费医疗的市场化之路：英国经验对中国医改的启示 [J]. 东岳论丛. 2011, 32（10）：32.

端在医院建筑中表现为英国医院建筑更关注功能效率而非用户体验，因此导致以病人为中心的护理政策在英国当代医院建筑计中没有特别明显的表现。❶

另一方面，NHS 体系中，有专门负责公立医院资本投入的机构，对医院的投资纳入 NHS 年度预算，接受议会的质询，英国公立医院的建筑设计与建造就有了监督力量，这是英国医院建筑理性发展的重要驱动因素之一。英国因此开展了很多项医院建筑的评估研究，这在其他国家很少见。

医院建筑评估源自对实践的质疑："许多人怀疑医院规划设计的实际效果，但是很少有人去验证、研讨这些想法"❷，为此，NHS 从 1965 年开始在全国开展了一系列医院评估研究来检验医院设计实效。虽然 1962 ~ 1969 年间约有 13 项评估研究，但英国人仍觉得："与医院建筑和设备系统巨大的投资相比，医院规划设计实践功效的研究投入太少了"。❸❹

除了对医院投资有效监督外，英国医院建筑理性发展的另一重要驱动因素是，英国社会盛行经验主义哲学。

2.3　"深入认知才能精湛设计"

英国社会盛行经验主义哲学，其历史之久可以上溯到经验主义哲学的鼻祖、英国人弗朗西斯·培根（1561 ~ 1626 年）。经验主义认为，人的理性必然有所缺陷，只有经历长时间实践检验与修正才能趋向真理；知识应通过归纳法获得。所谓归纳法，就是依据经验（或实验）尽可能地收集大量样本，进而推导出一般性结论的方法；这与笛卡尔等大陆理性主义哲学家使用演绎法获取真知截然不同，受此影响，英国高度重视医院建筑设计决策的实证研究。医疗建筑学者路维林·戴维（Llewelyn Davie）的名言"深入认知才能精湛设计"❺ 可为此注脚。

❶ Susan Francis, Rosemary Glanville, Nuffield Trust, Building a 2020 vision: Future health care environments[M]. London: Stationery Office Books, 2001.

❷ Ken Baynes, Brian Langslow, Courtenay C. Wade. Evaluating new hospital buildings[M]. London: KEHF, 1969.

❸ Ken Baynes, Brian Langslow, Courtenay C. Wade. Evaluating new hospital buildings[M]. London: KEHF, 1969.

❹ 关于英国的医院建筑研究，请参见拙文：郝晓赛. 构筑建筑与社会需求的桥梁——英国现代医院建筑设计研究回顾（一）/（二）[J]. 世界建筑. 2012, 259（01）：114-118/260（02）：108-113.

❺ 原文为"Deeper knowledge, better design"，见：Susan Francis, Rosemary Glanville, Ann Noble, Peter Scher. 50 years of ideas in health care buildings[M]. London: The Nuffield Trust, 1999.

因此，面对医院建设的新愿景与新问题，英国人首先想到的是应该先研究一下该怎么做才是最好的，之后通过建设实验项目进一步总结经验，再把经过确认的好经验推广到更多项目中去。只是，NHS成立初期尚无力开展大型研究，这时，启动于1949年，于1955年出版了研究成果的一项大型综合性研究恰逢其时出现，填补了空白，即由南菲尔德信托基金（Nuffield Provincial Hospitals Trust，为Nuffield Trust的前身）和布里斯托大学（University of Bristol）联合资助的《医院功能与设计研究》。

《医院功能与设计研究》以内容的综合完整和研究成果的高质量，影响了英国此后30余年的医院建设。其覆盖的研究内容是以目的导向的，只要是当时医院设计实践所需的，都纳入研究范围。所以不只限于医院建筑医学功能的研究，还包括医院建筑的物理环境、医院建筑防火、影响设计的常见问题以及医院所服务区域的医疗需求调研等。研究团队希望通过科学严谨的研究工作，使医院建筑像其他领域（如制造业、农业、医学和规划等）一样理性高效发展（图4-5）。他们不仅研究了英国医院的使用现状，也汲取了欧洲及美国医院的有益模式：如向丹麦学习病房护理模式，向美国等学习中心供应（CSSD）模式，病床周边空间尺度则研究比较了英国、法国和斯堪的纳维亚（Sandinavia）❶诸国共6个护理单元。

❶ 斯堪的纳维亚（Scandinavia）的自然地理概念，指的是欧洲西北部斯堪的纳维亚半岛，包括挪威、瑞典、丹麦和芬兰北部。

图4-5　左：拉克菲尔德医院病房工作面照度研究；右：就诊过程时间分配研究

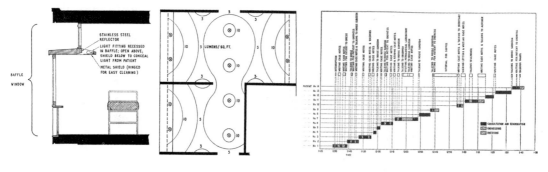

❶ Musgrave Park Hospital, Belfast. The case History of a New hospital building[R]. London: MARU, 1962.

❷ Susan Francis, Rosemary Glanville, Ann Noble, Peter Scher. 50 years of ideas in health care buildings[M]. London: The Nuffield Trust, 1999.

《医院功能与设计研究》的成果最终用在了两个实验项目的建设中：马斯格雷夫公园医院手术和外科病房楼，以及拉克菲尔德医院（Larkfield Hospital）病房楼；其中马斯格雷夫公园医院（Musgrave Park Hospital）还进行了使用后评估，评估报告 1962 年出版。❶《医院功能与设计研究》的开展模式、研究与实验项目建设相结合的模式，均成了此后英国医院建设的模板，因此，该研究可视为英国当代医疗建筑发展的理性之路起点。❷

2.4　医院建筑的理性发展之路

英国医院建筑的理性发展之路是一个闭合的驱动循环。即：NHS 应社会需求投资医院建设、建设需求推动建筑设计发展；设计实践需求推动实用研究和理论研究的开展，尔后 NHS 基于研究成果制订政策、标准和建设指南等将其进行实践推广，由此开始新一轮循环（图 4-6）。循环的驱动力来自英国医疗体制和经验主义哲学盛行的社会环境。

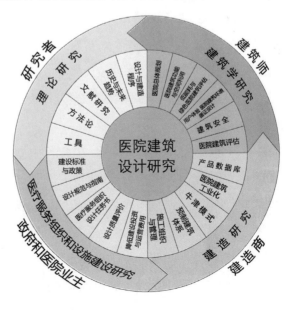

图 4-6　英国当代医院建筑发展的驱动循环图示

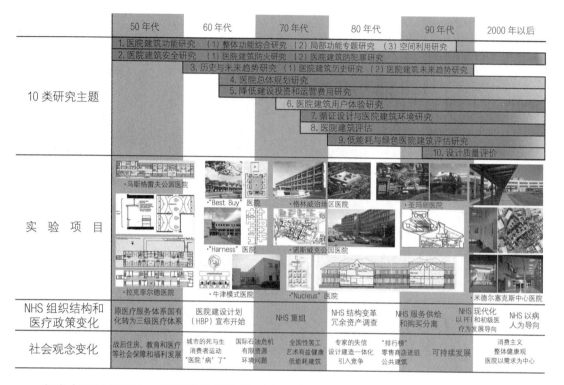

	50 年代	60 年代	70 年代	80 年代	90 年代	2000 年以后
10 类研究主题	1.医院建筑功能研究 （1）整体功能综合研究 （2）局部功能专题研究 （3）空间利用研究					
	2.医院建筑安全研究 （1）医院建筑防火研究 （2）医院建筑防犯罪研究					
		3.历史与未来趋势研究 （1）医院建筑历史研究 （2）医院建筑未来趋势研究				
			4.医院总体规划研究			
			5.降低建设投资和运营费用研究			
			6.医院建筑用户体验研究			
			7.循证设计与医院建筑环境研究			
			8.医院建筑评估			
				9.低能耗与绿色医院建筑评估研究		
					10.设计质量评价	
实 验 项 目	·马斯格雷夫公园医院 ·拉克菲尔德医院	"Best Buy" 医院 "Harness" 医院 ·牛津模式医院	·格林威治地区医院 ·诺斯威克公园医院 "Nucleus" 医院		·圣玛丽医院	·米德尔塞克斯中心医院
NHS 组织结构和医疗政策变化	原医疗服务体系国有化转为三级医疗体系	医院建设计划（HBP）宣布开始	NHS 重组	NHS 结构变革冗余资产调查	NHS 服务供给和购买分离	NHS 现代化以 PFI 和初级医疗为发展导向 NHS 以病人为导向
社会观念变化	战后住房、教育和医疗等社会保障和福利发展	城市的死与生消费者运动"医院'病'了"	国际石油危机有限资源环境问题	全国性罢工艺术有益健康低能耗建筑	专家的失信设计建造一体化引入竞争	"排行榜"零售商店进驻公共建筑 可持续发展	消费主义整体健康观医院以需求为中心

图 4-7　英国当代医院实验项目建设图示

在这个理性循环中，英国建筑师获得了大量将设计理论付诸实践的机会，这在 NHS 成立前是罕见的。[1] 从 20 世纪 60 年代起，设计建造实验项目进行评估研究以检验理论，成了英国卫生部医院建设局[2] 的传统，一系列实验项目被建造、评估，研究成果用于发展下一代医院设计[3]（图 4-7）。建造经验通过人们源源不断地到这些医院中参观及相关研究成果的出版广泛传播了出去。

这其中，以 20 世纪 60 年代末期至 70 年代中期的一系列着眼于资金、质量和建造效率可控性的医院项目建设最为引人瞩目。如前文所述，英国当代医院建设特别注重经济效益的最大化，这一系列经济型地区综合医院（District General Hospital，DGH）项目，从 "Best Buy"、"Harness" 到 "Nucleus"，是英国当代医院建设的理性与经济性的典型代表，在医院建

[1] Susan Francis, Rosemary Glanville, Ann Noble, Peter Scher. 50 years of ideas in health care buildings[M]. London: The Nuffield Trust, 1999.

[2] 英国卫生部医院建设局即 the Hospital Buildings Division at the Ministry of Health, HBD，成立于 1959 年，该机构 1962 年启动了"医院建设项目"（the Hospital Building Programme），即英国"自上而下"推动的当代医院大规模建设项目。

[3] Susan Francis, Rosemary Glanville, Ann Noble, Peter Scher. 50 years of ideas in health care buildings[M]. London: The Nuffield Trust, 1999.

筑发展史中占据了重要篇章，值得介绍给国人，作为当今国内建设的对比与参考资料；此外，英国应对医学社会环境变化的医院建筑设计探索也在世界医疗建筑史上留下了里程碑式的作品，也一并在下文进行介绍。

2.5　Best Buy：用建一家医院的费用建两家

继二战后教育设施和住房建设启动，英国开始了"医院建设项目"（Hospital Building Program），大量投资建设医院，医院建设成了 NHS 的最大开销。❶ 随着项目进行，建设投资因通货膨胀和其他政府公共支出一起上涨，人们开始对过去那种采取更大、更精细也更昂贵，并企图"一劳永逸"满足医疗设施持续更新与改建压力的建设观念进行反思，认识到这不应当是唯一方法。因此，英国政府提倡"在整体医院设计与建设中取得最大限度的经济性，同时保证可接受的医疗服务水准，以及在投资与运营费用之间取得适宜的平衡"❷，从 1967 年开始采用投资更经济的小规模（550 床左右）地区综合医院建设模式，用以服务社区 15 万～20 万人口的医疗需求，这就是 Best Buy 医院模式。

"Best Buy"常译为"百思买"，意为最划算的买卖，这一概念来自消费领域，其推广口号是"用原来建一家医院的资金建两家医院"❸——虽然没有完全实现，但通过改进设计和改善整体运营策略，Best Buy 模式的两家医院实验项目的建设预算还是比同期、同规模传统医院最低价还要低 30% 多❹❺；之后，在金斯林（King's Lynn）等四个地区建造了改进版本。尽管追求经济性，Best Buy 医院做到了室内外环境舒适宜人，如图 4-8 所示，地毯和室内环境现代色彩的搭配，也改变了人们对医院大厅的旧有印象。

❶ NHS Estates. Developing an estate strategy[R]. London: HMSO, 2005.

❷ DHSS. The Best Buy hospitals[R]. Leicester and London: HMSO, 1973.

❸ Susan Francis, Rosemary Glanville, Ann Noble, Peter Scher. 50 years of ideas in health care buildings [M]. London: The Nuffield Trust, 1999.

❹ DHSS. The Best Buy hospitals [R]. Leicester and London: HMSO, 1973.

❺ James W P, Tattonbrown W. Hospital design and development[M]. London: Architectural Press Ltd, 1986.

在经济性设计方面，Best Buy 模式主要有三个举措。首先，Best Buy 模式医院建造时评估并充分利用了现有资源，在此基础上对医院床位和规模进行压缩；由政府主导对区域医疗资源进行协调，将医院服务与社区保健模式紧密结合。为了充分利用社区诊疗资源、减少人们对医院服务的使用，又用了三个办法：1）尽量使病人在社区中，由家庭医生在专业护士和健康访视者协助下完成诊治；2）在需要转诊到医院时，完善医院门诊治疗服务和设施（包括日间病房），尽量避免收治病人住院；3）需要住院时，则提高服务管理效率、尽量缩短住院时长。这样一来，每千人急诊床位比率由以前的 3 床降至 2 床，以前需要设置总床位 725 床的医院才能满足的区域医疗需求，现在 540 床即可满足需求。

其次，在建筑形态上，Best Buy 医院采用了两层高、平面紧凑的方形平面，中间穿插庭院以自然采光和通风，设备管线设置于二层楼板下，供上、下两层使用（图 4-9）。这一形态是理性分析的结果：1）英国卫生部（DHSS）❶ 主导的研究表明，采用多层病房楼会增加建设投资，也不利于住院诊疗功能的

图 4-8　西萨福克地区综合医院（The West Suffolk DGH at Bury St Edmunds in Suffolk，1973 年，549 床）外观及首层病房庭院（资料来源：MARU）

❶　全称 Department of Health and Social Security，英国卫生部早期的名称，后来社会保障部从中分离出。

图 4-9　上：Best Buy 医院总体交通与物流分析；左下：剖面图示，右下：通过方形医疗主街（环廊）和坡道向各部门运送物资的电动小货车（资料来源：MARU）

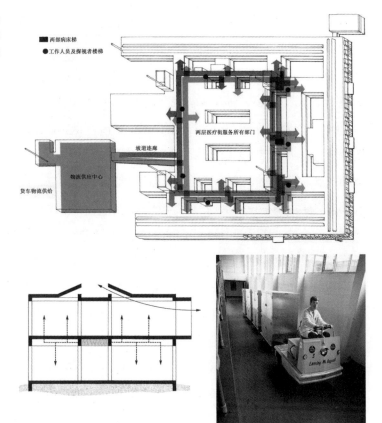

灵活性和医务人员优化配备；指状平面相对最便宜，但是同样难以优化部门功能关系布局，流线也过长。2）设计经济性研究认为，最经济的建筑进深是 40 ～ 50 英尺（12.19 ～ 15.24 米）之间。在此范围内，庭院式医院可兼顾自然通风采光的优势与功能有效性；在建筑物顶层中部开天窗的话，对自然条件的利用会更充分。3）建筑采用两层高主要考虑了交通和电梯设置的经济性，可以非常简单有效地组织物流供应。❶

最后，Best Buy 医院从整体出发进行医院空间与设施的跨部门共享设计，比传统医院空间面积节省了20%。在平面布局上，通过交通组织以水平向布局为主、部门水平相邻的方法形成了三个区域（图 4-9）。核心区是高负荷运转的医疗服务部门；周

❶　MARU. Rationalisation of Planning & Design [R]. London: MARU, 1968–03.

围环绕着的是负荷量次之的诊疗区域与病房，之间设置方形医疗主街（环廊）连接，其中门急诊通常设置在首层，病区、手术部和厨房设置在二层；在此一侧设置后勤保障区，并设置运送物资的坡道，连接层高不同的诊疗区域（图 4-9 右下）。

Best Buy 模式医院在设计方面有两处创新：一是急救部设置日间病房，这类病房白天供门诊病人使用，晚上作为急诊留观病床，第二天再把部分病人分至住院部各病区。二是住院部的治疗室集中在建筑物中部与门诊共用，不再单设于每个病区。不过，这运营中带来了病房护士短缺问题，因为前来治疗室观察学习的护士无法兼顾病房的工作。这也反映出，若设计偏重功能效率和经济性而忽视了人员配置的话，虽然建设投资降低了，但却增加了人力成本，总体上并不经济。

Best Buy 模式预见了医院服务与社区服务的密切配合，也是通过不同医疗服务机构间的协作为病人提供完整医疗服务的首次尝试。此外，最早建造的两家 Best Buy 医院相距 300 公里，用了相似的建筑设计服务着不同的业主与人群，这些可视为医院标准化建设的起源。

2.6　Harness：标准化设计控制品质与造价

始于 1963 年的"牛津模式"（Oxford Method）探索了工业化建造在医院领域的应用，并成功用在约 20 家医院中，"牛津模式"基于模数化、预制构件装配设计的标准化建造具有成本易于控制等优点，随着医院大规模建设中亟需解决的新问题暴露出来，受"牛津模式"标准化设计方法的启发，新的医院模式出现了。

这些新建设问题是：除了财政压力，同时期有多个主管医院建设的地方机构和建筑师在解决同样的问题并重复着同样

❶ Peter Stone. BRITISH HOSPITAL AND HEALTH-CARE BUILDINGS: Designs and Appraisals [M]. London: the architectural press, 1980.

❷ Wire Harness 是按图纸、设计要求，把若干电线组在一起，线端配上端子的线束。汽车装配时，将端子插到对应位置即可，可以提高装配效率。类似人体的血管和神经，线束是汽车的重要部件。

❸ Susan Francis, Rosemary Glanville, Ann Noble, Peter Scher. 50 years of ideas in health care buildings [M]. London: The Nuffield Trust, 1999.

研究工作，这是各自为政式建设的通病❶，为此，英国卫生部在公共事务层面开始进行协调。在专业团队缺乏的情况下，为了在全国范围内控制建设投资、保证建造速度和质量，20 世纪 60 年代末，NHS 基于医院功能部门标准化设计推出了名为"Harness"的模块式医院。

"Harness"这一名称取自汽车工业中的"线束"（wiring 'harness'❷）一词❸，其理念就是医院在建设时，取用预先设计好的功能部门标准单元，与适宜走向的医疗主街的机电服务管线相连接即可，而后者即名称"线束"的由来。如图 4-10 所示，Harness 模式医院的建筑物最高 4 层，层高为 4.5 米，所有模块采用 15 米柱网，该尺度在 Best Buy 模式设计过程中被证明最为经济有效，中间穿插以庭院。每个功能部门均与医疗主街相连接，医疗主街同时也是机电管线铺设的主要路径。专家团队在将 Harness 模式医院进行医学功能专业化设计的同时，尽量做到建筑设计标准化，例如内部功能空间划分，吊顶设计，储藏单元和卫生间设施的设计等，满足严格的标准化加工与衔接尺寸、符合模数要求，并为结构和机电设备设置特定区域；在研发过程中，还建造了建筑试验模块，测试了建筑设计的性能实效。

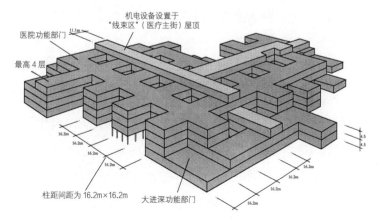

图 4-10　Harness 医院概念图示

Harness 模式医院针对多类型场地而研发，比 Best Buy 医院更为灵活，功能内容更为多样，并鼓励医院在规划设计控制下适当发展，更易于扩建。更重要的是，在功能内容和场地信息明确的情况下，项目组可在两天内，利用 Harness 体系、连接设计好的部门平面模块，创作出若干规划方案，并选择出合用的那个，并保证该医院规划设计建造费用明确，并能够达到设计与建造的高标准。

Harness 产生于英国经济增长的高峰，原计划建 70 家，因 1973 年全球石油危机引发的经济衰退而搁置，在实践中被 Best Buy 和之后的 Nucleus 模式医院（详见下文）取代，最终只有两家完整体现 Harness 模式设计理念的医院 ❶ 建成。虽然在实践中未被广泛应用，但这两家医院为未来提供了参考价值、积累了宝贵经验，Harness 模式设计理念对医院规划发展进行控制的方法原则，也在医院设计理论界持续使用了多年。

2.7 Nucleus：控制全寿命周期费用的医院

1973 第一次石油危机爆发引发的经济危机，致使英国的公共服务投资成为沉重的经济发展负担，医院建设项目（HBP）受阻，但新医院的建设需求仍然存在。1975 年，医院建设项目重新启动时，财政控制变得更为严格，在这种情况下，英国卫生部建筑师霍华德·古德曼（Howard Goodman）带领团队研究设计出了 Nucleus 模式医院。"Nucleus" 意为 "核心"，意指分期进行医院建设：首期为 300 床的核心医院，在资金许可情况下，医院可以增建为 600 床及 900 床满足需求增长。

Nucleus 模式医院基于 Harness 发展而来，在设计过程中大量使用了 Harness 模式的资料，并参照 Best Buy 的原则缩减建筑规模。相比之下，Nucleus 更为实用、几何关系更为清晰，

❶ 这两家地区综合医院在斯塔福德（Stafford）和杜德利（Dudley）。

且更具分期建设灵活性，而这种灵活性比通用空间（universal space）设计更为经济。Nucleus 主要由一个个十字形的、约 1000 平方米的模块组合而来，模块可以上下叠加，所有部门功能都在模块中进行了标准化设计（图 4-11）。除非有明确合理的特殊需求，否则，医院都要采用严格控制造价的模块进行规划和扩建。如 Harness 模式一样，Nucleus 模式的每个功能模块都与医疗主街相连接，之间形成庭院。模块约 1000 平方米大小，是基于以下三方面考虑而定的：1）1000 平方米是英国当时防火规范中防火分区的最大面积；2）模块宽度使建筑物可以通过庭院充分自然通风采光；3）模块尺度能满足医院核心部门的功能需求，如手术部。

由于 Best Buy 和 Harness 模式医院在运营中暴露了只控制建设投资的局限性，因此 Nucleus 模式除了对建设资金进

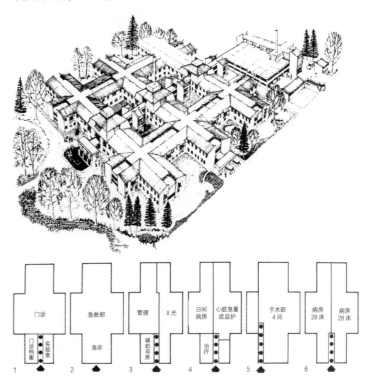

图 4-11　Nucleus 医院的鸟瞰图及功能模块示意图（资料来源：W. Paul James，1986 年）

行控制外，还考虑了对运营费用的控制。为满足经济性目标，Nucleus 模式医院尽量压缩建筑空间，有的甚至低于既有建设标准。医疗建设项目投资规范 CAPRICODE（Capital Projects Code）有力协助 Nucleus 在实践中进行推广，所有医院建设时都必须采用 Nucleus 模式，如果拒绝则建设方需要给出强有力的理由。因此，共有 130 多家 Nucleus 医院在英国建成。

标准化设计模式不仅加快了 Nucleus 医院建设的审批程序，还避免了因大量施工延误和设计修改而导致的造价增长。但 Nucleus 模式医院也存有缺点，例如，这种模式的医院建设规模小于满足区域人口医疗服务所需规模；且难以适应特殊场地环境，难以满足当地特殊要求；再者，医院建筑空间大小有时与功能不匹配，这是因为 Nucleus 模式预设的发展方式是增加额外的模块，但模块大小是固定的，为 1000 平方米左右，这个面积对一些部门因业务增长需要扩建的面积需求而言，可能会过大或过小。

Nucleus 与 Best Buy、Harness 模式医院一样，都将后勤保障的物流供应独立、集中设置，经由通廊与医疗功能部门连接，并配备物品自动传递装置运送物品。后勤保障建筑内设有库房、加工储存，餐饮，药品制剂，洗衣房，去污消毒及灭菌前准备工作场所，采用与工厂类似结构，造价低廉。

20 世纪 70～90 年代初是英国经济型医院建设的繁荣期，设计研究数量、建成项目及政府针对医院建设制定的规范标准数量也到达顶峰。在社会经济政治影响下，NHS 从二战后成立至今已历经五次机构改组，20 世纪 90 年代后医院建设纳入私人融资计划（Private Finance Initiative，PFI），推动英国经济型医院建设的社会机制随之改变，继 Nucleus 模式后，英国未再推出经济型医院设计新模式。

2.8　医院双杰：应对发展与变化的不同之道

医院的发展需求处于不断变化之中：医学模式和疾病谱的变化、社会经济的发展、医疗保障制度的变革、人口的数量增长和年龄结构变化、医疗技术与设备的迅速发展与更迭等等交织在一起，影响着医院的发展需求。长期来看，医院整体存在不同程度扩张，而不同功能部门则或扩张或萎缩，这种现象在大型综合医院中表现尤为明显。

为了适应这些变化，医院建筑需要不断进行不同程度的调整与改造。从经济因素、建筑寿命和减少对医院运营干扰考虑，日本医疗建筑专家长泽泰教授提出总体规划寿命至少可以达到 30 年。然而，由于主观或客观条件的限制，我们通常只能根据诊疗项目和医疗服务的现状对医院做出 3 ~ 5 年的远景规划。为保证医院能一直有效运营，德国专家提出医院的总体规划需要每 10 年更新一次。"长期寿命"和"短期更新"目标一致而又充满矛盾，为解决"矛盾"，倡导有效的总体规划，倡导总体规划设计在一定生命周期内具有适应未来变化和发展的灵活性，不失为解题思路之一。

20 世纪 60 年代，在考恩（Cowan）等学者的医院生长变化原创性研究 ❶ 启发下，以医疗服务街连接各功能部门的规划构想开始萌芽，约翰·威克斯（John Weeks）用"机变式"（Indeterminate Architecture）为之命名。❷ 约翰·威克斯认为，从医院组织的本质需求来看，医院总体规划设计的目标是动态的，追求的规划成果应具有增长的特性，好似永处"未完成"状态，而不是完美状态；理性、连贯完整的医院形式更多是建筑学逻辑而非医院的真实需求，因此主张从医院规划设计开始就要把医院"生长"和"变化"的不可避免特性考

❶ Cowan, P., Nicholson, J. Growth and Change in Hospitals [J]. Transactions of the Bartlett Society. 1965, 3.

❷ John Weeks. Indeterminate Architecture [J]. Transactions of Bartlett Society. 1964-5, 3.

虑在内。

　　约翰·威克斯将该理论应用在他主持设计的大型教学医院——伦敦诺斯威克公园医院中（Northwick Park Hospital，1966～1970年）。该医院采用了可分支的线型医疗主街连接各功能部门，各功能部门的建筑体块具有开放的尽端便于扩建。该院改扩建历时9年，初始的总体规划思路一直得以保留。诺斯威克公园医院放在建筑堆里没什么亮点，但因回应了医院组织的发展需求，从医院规划设计开始就把医院"生长"和"变化"的不可避免特性考虑在内，由此成为深远影响现代医院设计的经典之作。

　　约翰·威克斯设计的这家医院和同时代整体实验项目格林威治地区医院并称为"双杰" ❶（图4-12）。格林威治地区医院的建筑设计也同样考虑了如何应对未来变化，但因用地条件不同，采取了和诺斯威克公园医院截然不同的解决方案。前者在宽松的市郊用地上，用可分支的医疗主街连接各功能单体，便于医院建筑未来自由"生长"；后者在狭小的市区用地上，采用了"通用空间"（universal space）和"伺服间层"（interstitial floor，也叫"设备间层"）做法，便于医院建筑内部自由调整功能。

　　具体而言，"设备间层"就是将机电设备集中于结构桁架空间内形成设备层，设备层间隔于医疗功能层设置，建筑剖面在垂直方向形成"三明治"般层叠的形态。同时，采用大跨度、大进深的柱网；这样一来，原存在于医疗功能空间的柱子、机电检修闸口、给水排水管道等功能改造的障碍物统统被消除了，便于将来在建筑轮廓内自由调整医疗功能。20世纪60～80年代，这类"设备间层"的做法在美国和欧洲的医院中很有市场。

❶　Peter Stone. Hospitals: The Heroic Years [J]. Architects' Journal. 1976, 12: 1121-1148.

图 4-12　左－伦敦诺斯威克公园医院实景及总体"生长"示意图；右－格林威治医院，从上至下依次为：原址旧建筑物，新建医院入口，剖面示意图，二层平面图

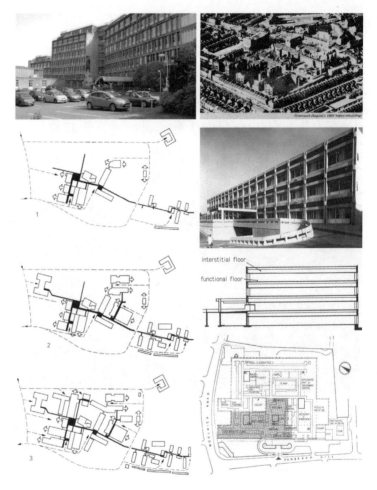

"双杰"截然不同的设计理念在实践中的效果也截然不同。诺斯威克公园医院建成后，病房广受用户欢迎，医院整体运营良好，继续生长变化着；而格林威治地区医院不仅在专业圈评价不高，用户口碑也不高，建成 30 年后即列入拆除计划。

2.9　当代医院的转变：建筑设计的更大格局

当代"医疗卫生体系的目标，应当是以最低的成本维护健康，而不仅仅是提供尽可能多的医疗卫生服务"❶，社会医

❶ 李玲，江宇，陈秋霖. 改革开放背景下的我国医改 30 年 [J]. 中国卫生经济. 2008，02:8.

疗服务观念的转变深刻地影响了英国医院建设。当代英国以
初级医疗为发展主导，医疗服务重心从医院向家庭和社区转
移，借助医学信息科技的发展实现医疗服务网络的社会协作，
大量建设主要提供全科医生服务、护理与康复等社区初级卫
生保健服务的医疗中心（Healthcare Centre）（图 **4-13**）。

图 4-13　左：伦敦密尔顿凯因斯医院
（Milton Keynes Hospital）加建的治疗中
心；右：伦敦近年（2006 ~ 2011 年）来建
成的部分提供社区初级卫生保健服务的社
区医疗中心

　　当代医院规划并不局限于单块用地、仅靠改扩建解决单
家医院的短期需求，而是提倡在区域医疗服务发展战略框架
内，通过对区域内现有医院进行总体建筑评估来确定单个地
块的未来规划方案。

　　医院概念由此发生了变化。以社区医疗中心为基础，日
间诊疗医学的发展、诊断诊疗中心（DTCs）的建设，促成了
无病床医院的产生，大大缩减了医院造价。当代英国医院建
筑发展依然注重全寿命周期的投资效益最大化，只是，与 Best
Buy、Harness 和 Nucleus 模式将医院建设投资控制重心放在建
筑本身不同，当代医院建设与运营投资的控制被置于更为宏
大的格局中：从根源采取措施，即通过社会协作减少医院建设
需求，这恰恰是对资金的最大节省。

2.10　英国的医院建筑发展与社会的互动关联

英国医院建筑追求理性和经济性是受社会驱动的结果，实施过程是多机构协作的结果。为达到控制医院建设投资的目的，卫生部主导了若干团队协同设计团队工作，Harness 和 Nucleus 模式都沿用了这一工作方式，在 Nucleus 模式中，医疗项目投资规范 CAPRICODE 还为其推广实施助一臂之力。

这些模式的设计创新基于大量建筑技术数据收集分析和设计研究，医院运营后再开展评估研究，为之后的建设提供实证资料。例如，关于 Best Buy 的设计研究有《规划与设计的经济性原则》（Rationalization of Planning & Design，1968 年）、《医院与社区服务关系》（Inter-relationship of Hospital and Community Services，1971 年）、《伯里圣埃德蒙医院造价分析》（Cost Analysis of Bury St Edmunds DGH，1973 年）和《弗雷姆公园地区综合医院空间利用》（Space utilization in hospitals: Frimley Park Hospital study，1978 年）等。

英国医院建筑在理性发展的过程中，也用理性的方法来修正理性发展存在的问题。例如，随消费者权益运动等社会观念变革影响,20 世纪 70 年代英国研究者关注人的使用感受，英国国立医疗建筑研究所（Medical Architecture Research Unit，MARU）受圣托马斯医院（St. Thomas Hospital）托所做的病房评估研究报告 ❶ 也因此被誉为《战争与和平》以降最有力量的出版物" ❷：调研发现，注重功能效率的现代医院建筑设计忽视了使用者的环境感受，极大影响了医疗服务工作的开展,病人与工作人员的满意度反倒不如在旧式病房的高。为此，随着对人与环境关系认知深入，研究和设计都开始关注用户感受，并以此衡量设计成败。

❶ MARU. Ward evaluation: St Thomas' Hospital [R]. London: MARU, 1977.

❷ James W P, Tattonbrown W . Hospital design and development[M].London: Architectural Press Ltd, 1986. 原文为 "the most powerful book since War and Peace!"

下面，来看看同在欧洲，但与英国当代医院建筑截然不同的荷兰医院建筑。

3 荷兰医院建筑：医院的消隐

荷兰建筑整体水平一直高居欧洲前列，同时作为欧洲最富裕的国家之一，荷兰已成长为西方福利国家典范，高度发达的医疗卫生保障体系和成就即使英美等国也甘居其后。作者有幸于欧洲学习时到访荷兰，期间与荷兰卫生部官员交流座谈并走访了 10 余家医疗机构（表 4-1），总体看来荷兰医院建筑不仅秉承了"荷兰制造"的一贯高水准，并且在国际相似语境下，荷兰医疗体制和社会特质造就了当代荷兰医院建筑独树一帜的一面。

从 18 世纪中叶发展至今的荷兰医院建筑有着与其他西方国家相似的历史，但目前荷兰医院建筑趋向于通用化、日常化和分散化发展，甚至有人质疑医院建筑在未来是否仍像以往那样作为独立建筑类型存在❶，这与美国医院建筑借助循证设计（Evidence Based Design，EBD）科学研究的专业化发展方向截然不同。下面围绕这 10 余家医疗设施的田野考察所见，谈谈荷兰医院建筑呈现的"从封闭到开放"趋势。

3.1 来自卫生体系的影响

荷兰卫生服务鲜明地分为三个层次：基础卫生保健、初级卫生保健和医院卫生保健。在医院卫生保健这一级，除了综合医院服务，还包括类住院性质的医疗护理和康复服务。值得注意的是，作为荷兰医疗体系中的同等重要元素，精神病诊疗机构和老年人养护机构与医院的建筑设计同样受到建筑

❶ Mens N., Wagenaan C. Healthcare architecture in the Netherlands [M]. Netherlands: Rotterdam, 2010.

在荷兰走访的 10 余家医疗机构简况　　　　　　　　　　　　　　　　表 4-1

名　称	地点	机构类型	项目类型	简　介
OLVG医院 (Onze Lieve Vrouwe Gastuis)	阿姆斯特丹	急救综合医院	改扩建	1898年创建，原为教会医院； 20世纪70年代总规模555床，现总床位350床； 室内改造设计：EGM建筑师事务所
AMC医院 (Academisch Medisch Centrum)	阿姆斯特丹	急救综合医院	改造	1968~1981年设计建造，世界顶级医疗中心之一， 原设计规模850床，现总床位1002床； 该医院先后并入了三家医院
MCH医院 (Medisch Centrum Haaglanden)	海牙	急救综合医院	改扩建	1873年创建，原为教会医院； 20世纪70年代总规模750床，现总床位450~480床； 1998年并入一家医院
Vlietland医院 (Vlietland Ziekenhuis, Schiedam)	斯希丹	急救综合医院	全新建	1991年由两家医院合并而来，2009年开业； 设计规模450床，总投资1.88亿欧元，总建筑面积5.2万平方米； 设计（1997~2009年）：EGM建筑师事务所
犹太人综合医院 (Ziekenhuis Amstelland)	阿姆斯特丹	急救综合医院	改扩建	1978年由两家医院合并而来，1993年改扩建； 是西欧唯一的犹太人医院， 原设计规模255床，现维持不变
布雷达青少年 精神卫生中心 (GGz Breburg, Centrum Jeugd Breda)	布雷达	精神卫生医疗机构	全新建	2010年开业，由两家机构合并而来； 总投资2300万欧元，总建筑面积8100平方米； 设计（1991~2006年）：EGM建筑师事务所
Kloosterhoeve 养护院 (nursing home Kloosterhoeve)	拉姆斯东克斯费尔	慢性病人护理机构	全新建	2009年开业，专收治亨廷顿氏舞蹈症患者， 现容纳51名患者，总投资2100万欧元； 设计（2004~2008年）：Marquart建筑师事务所
海牙皇家 养护院 (Royal Rustique, Den Haag)	海牙	老人护理/养老院	全新建	2010年开业， 属蓝宝石住宅组织所有， 总投资700万欧元
贝丝沙洛姆 犹太人养护院 (Beth Shalom Amstelveen)	阿姆斯特丹	老人护理/养老院	全新建	2011年3月开业； 属荷兰犹太人医疗福利组织JZ所有； 现收治患者72名
犹太人 临终关怀院 (Hospice Immanuel)	阿姆斯特丹	临终关怀养护机构	全新建	2007年5月开业； 属荷兰犹太人医疗福利组织JZ所有； 欧洲首家犹太人临终关怀设施，容纳患者6名

师青睐，甚至不乏先锋建筑师的佳作。

相应的，国家支持的医疗保险覆盖了基础医疗服务、老年人护理和慢性病的长期护理等多种类型，能有效地将病人从成本昂贵的医院分流到费用相对低廉的各类设施中去，从而节省卫生保健支出。再加上初级卫生保健中全科医生（General Practitioners，GPs）的"守门人"作用，荷兰的医疗环境宽敞舒适，少见拥挤现象。

荷兰医疗体制在 2006 年新医疗保险法实行后，成为一种医疗服务机构和保险机构在政府计划调控下独立经营的混合模式，既不同于英国的国家卫生服务制度，又不同于美国完全市场经济的模式。一方面，荷兰医疗机构具有福利特征，表现出高福利国家生活质量与平等；另一方面又作为独立经营实体承担风险，医疗设施所有权、建设资金来源政策在持续变革中。

目前除八家大学附属医院（如 AMC 医院）外，其他医疗设施均属非营利私人组织所有，但其建设需经政府审批许可。相对于完全国有的机构来说，荷兰医疗机构更注重市场竞争力，重视康复环境品质以提升设施竞争力。

与多数国家一样，荷兰医疗设施现代化建设始于二战后，并随经济发展和人口增长在 20 世纪 60 年代进入建设井喷期。不过统一规划的缺乏及各宗教教派间的壁垒与纷争导致荷兰曾出现综合医院多而专科医院少、医院服务半径重叠等不合理局面，为此政府主导进行的医院兼并和调整持续了多年。

近年来政府为控制公共卫生费用的持续上涨和改善服务，积极调整医疗服务组织结构并集中设置高端专科医院，借助医疗信息技术将医疗服务重心由综合医院向社区转移。荷兰医院数量从 1999 年的 136 所减至目前的 92 所；每千居民平均床位数由 20 世纪 90 年代初的 4.5 张减为现在的 3 张；目前平均住院天数 5 ~ 6 天，约为 20 年前的一半，致使大量医院产能过剩。

表 4-1 可为此例证：高端专科医院 AMC 是唯一床位增加的医院，除一所医院维持规模未变外，其他改扩建医院均有床位缩减现象，并且，由于激烈的市场竞争，Vlietland 医院开

业不久便已计划缩减掉 110 床。

　　为改善病人体验并改进效率，荷兰医疗服务正从以医学专业区分的传统模式转向以病人核心疗程为中心的新模式，医院建筑的空间组织由此需打破按门诊、医技和住院部划分的传统"三分式"布局方式。图 4-14 卫生保健提供体系中各级服务依据病人就医路径（非急症）实现无缝衔接：病人先到社区全科医生处诊治，全科医生不能处理的复杂严重症状则开具转诊单去医院由专科医生诊治，病人在医院完成关键治疗后回到社区按需接受康复护理。

　　新服务模式要求医院由传统格局（图 4-15A）转变为多中心格局（图 4-15B）。目前荷兰有大批医院为此进行着改造，——上次以改扩建为主的大规模改造浪潮发生在 20 世纪 70 年代，这两次改造浪潮使荷兰人相信医院建筑需要的不是设计，而是包容未知变化的策略。

图 4-14　基于病人就诊程序的医疗服务组织

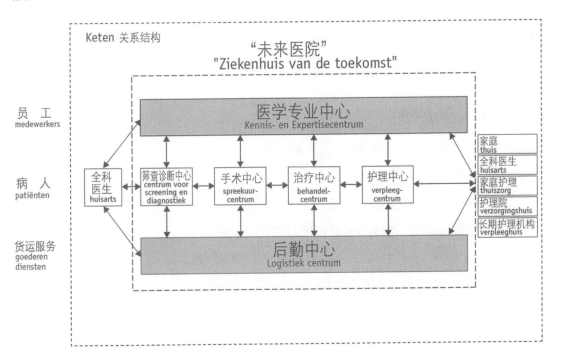

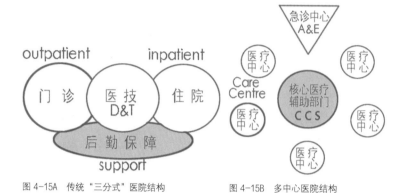

图 4-15A 传统"三分式"医院结构   图 4-15B 多中心医院结构

医务人员全程参与设计、采用逐层改造方式完成多个部门功能调整的 MCH 医院便是当前浪潮中的一例。该医院 2009 年完工的肿瘤科单元，将之前散布的肿瘤科诊室、日间治疗和病房集中设置，形成相对独立的医疗中心，与传统模式相比减少了病人就诊行程；2010 年完成的手术部改造则采用"一间式"层流控制技术，准备、麻醉到手术全过程均可以在手术间内完成；同年对急诊部进行的改造则实施了曼彻斯特分流制度（the Manchester triage system），在留观区将病人分成三区（重度、中度和轻度护理区）实施针对性护理。

3.2 来自社会环境的影响

除了上述来自卫生保健提供体系的影响，荷兰当代医院建筑风貌的形成还与其社会特质密不可分：

首先，荷兰社会有着自古而来的自由、开放和包容性，表 4-1 中医疗机构种类丰富，并处处透露着社会对个人生活选择的尊重。如 Kloosterhoeve 养护院是荷兰为全国千余名亨廷顿氏舞蹈症患者专设的五家长期护理机构之一，携带该疾病显形遗传基因的患者还可自主结婚生育，因此该类护理服务有着长期需求。此外，表 4-1 为犹太人在传统环境中提供符合

❶ Hofstede, G. Culture's consequences: comparing values, behaviors, institutions and organizations across nations [M].2nd edition.Sage Publications: Thousand Oaks CA, 2001.

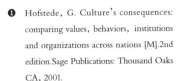

犹太教戒律医疗服务的三家犹太人医疗机构在西方也属少见。

　　第二，与不确定性回避（uncertainty avoiding）民族文化的国家相比（如英国和中国），荷兰属于对不确定性更宽容的自立（self-supporting）民族文化，该文化尽量减少规避风险和意外的硬性规定。❶ 荷兰没有种类繁多的医疗建筑技术规范，荷兰医院建筑是在建筑师主导下从人的需求出发的设计成果，而非相关国家技术规范的推演，因此荷兰医院建筑更具创造性和个性，也能对国际前沿理念做出快速回应。

　　第三，荷兰社会重视公共建筑的社会功能，如今荷兰不再将医疗设施从社会与城市空间肌理中孤立出去。面向社区开放的医疗建筑更像愉悦的城市公共场所，世俗化的氛围也缓解了病人紧张情绪。如 AMC 医院吸引着社区居民前来就餐甚至举行婚宴；为了便于患者融入社区，布雷达市青少年精神卫生中心特地从郊区迁址至市中心。

　　第四，荷兰社会崇尚艺术，政府甚至立法要求医院用投资的固定比例购置艺术品。Vlietland 医院的艺术品投资约占土建投资的 1.5%；AMC 医院除了遍饰艺术品还在公共区域设有固定展示场所（图 4-16）。

图 4-16　AMC 医院。左：饰有画作的中庭；右：医院长期布展的画廊

最后，荷兰社会有着学人称之为加尔文（Calvin）精神 ❶
的那种身处富足而常怀忧患的特质，表现在建筑上就是"富
而不奢"的务实精神。例如，医院建筑少见高档奢华材料，
多见精美细节与巧妙动人的空间形态。贴墙砖或简单喷涂是
荷兰医院建筑常见的室内外饰面做法，无关医院规模和声名
大小，新医院建筑只是比旧的颜色更鲜亮而已。

如图 **4-17** 所示，AMC 医院、MCH 医院、OLVG 医院、
Vlietland 医院和布雷达青少年精神卫生中心室内外皆显示了这
个特质。作为荷兰最好的五家医院之一，MCH 医院此次改造
中仍保留了部分可用旧家具，图 **4-17** 中的眼科中心候诊椅即
是。不过荷兰人仍将建筑品质放第一位，因为他们相信"便
宜的东西是昂贵的" ❷，高品质材料更耐久有利于节省运营
费用。

❶ 巴特·洛茨玛，荷兰建筑的第二次现代
化 [J].世界建筑，2005，07:29.

❷ Mens N., Wagenaan C. Healthcare
architecture in the Netherlands [M].
Netherlands: Rotterdam, 2010.

图 4-17　上－从左至右：AMC 医院、MCH
医院和 OLVG 医院室内；下－从左至右：
Vlietland 医院和布雷达青少年精神卫生中心

3.3　从弹性设计到通用化

当前国际盛行的"弹性设计"（flexibility）观源自功能主义主导下的医院建筑演进史。在医学模式和疾病谱变化、社会经济发展、医疗保障制度变革、人口的数量增长和年龄结构变化、医疗技术与设备的迅速发展与更迭等因素作用下，医院功能需求永处变化中，为了使功能变动的影响降至最低，就要求建筑设计有灵活性。

荷兰的"弹性设计"实践具有外来影响下的独创性。如 AMC 医院采用了 20 世纪 60 年代英国、美国和加拿大等国设置设备间层和伺服系统（Interstitialism）的方法 [参见本章第 2 节中"医院双杰：应对发展与变化的不同之道"，以及第 2 章第 1 节"西方医院建筑发展的三个阶段"中关于大医院（Megahospital）的介绍内容]，图 4-18AMC 中庭看到的未开窗楼层即设备层。

不过始于 20 世纪 80 年代的、弥补了格网与开放端等弹性设计模式缺点的"重心式"医院则为本土成果。均质格网和可在任意方向扩建的开放端式医院，其弊端在于占地面积过多和部门间距过远。为了使医院既紧凑又灵活，荷兰开发了具有明晰结构重心的医院模式（图 4-18 右图）❶，该结构重心与内部交通体系核心相重叠。高层建筑被认为是最缺乏灵活性的，因此群房上高层容纳的是住院部——因为住院部是医院诸部门中功能变革最少、对灵活性需求最低的部门。

此外，21 世纪初荷兰提出"洋葱圈"（onion rings）❷ 理念，为保证灵活性，将厨房、实验室、太平间和办公等非医疗用房尽量从医疗功能用房中"清除"出去，围绕医疗功能用房独立设置。此外，还曾尝试引入可拆改式工业建筑方式来解决医疗建筑的灵活性需求。

❶　Mens N., Wagenaan C. Healthcare architecture in the Netherlands [M]. Netherlands: Rotterdam，2010.

❷　Mens N., Wagenaan C. Healthcare architecture in the Netherlands [M]. Netherlands: Rotterdam，2010.

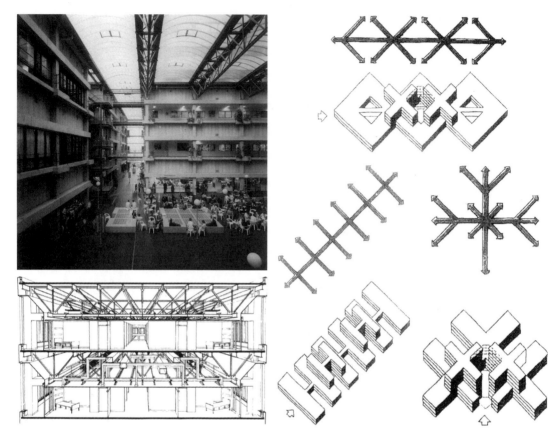

图 4-18 左上：AMC 医院中庭；左下：加拿大 McMaster 医疗中心设备层剖面；右：结构重心明晰的医院模式示意

随着功能主义设计方式受到质疑和医疗设施私有化，近年来荷兰人对"灵活性"有了新需求和新策略。从房地产角度，大型"量体裁衣"式或单纯以医学功能为目的的建筑物，比小型宽松式或多用途建筑物市场价值要低得多，业主为保证设施的地产价值最大化，需要医疗建筑在满足医学功能后可以不经改动便可用于其他用途（如商业或住宅），由此，采用宽松面积标准的通用化（generic）设计成为医院建筑应对灵活性新需求的新对策。

例如，在设计 Vlietland 医院时，从建筑设计应对未来变化角度，建筑师从"梳形"、"条形"和"蛇形"三种布局中选择了更为灵活的"蛇形"方案（图 4-19）。之后，按改造难

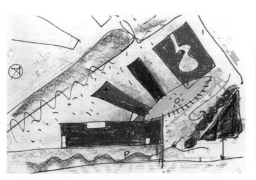

图 4-19　从左至右："梳形"、"条形"和"蛇形"布局

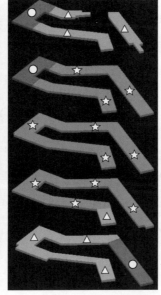

图 4-20　左：Vlietland 医院交通组织示意图；中：部门布置示意图；右上：首层平面图；右下：鸟瞰效果图

易程度将各部门布置到建筑不同位置：图 4-20 "部门布置示意图"中标圆圈区域为低灵活区域，用来设置大型医疗设备用房、手术部及其设备层等；标三角区域是中灵活区域，若有需要可以迁出；而标星形区域是高灵活区域，用来应对政府未来政策变化。建筑采用了可容纳一个手术室、一套门诊用房或两间病房的 7.2 米方格柱网，建筑剖面采用相同层高以便于调整功能，面积标准宽松给人以宽敞的空间享受，目前拟腾出空间用以商业出租。

3.4 从康复环境到日常化

在康复环境方面，荷兰医院建筑具有以下特点：首先注重"用户"（包括病人、探视者和医务人员）的环境体验，寻找利于病人康复的元素予以强调；其次注重病人的诊疗体验，围绕"以病人为中心"的新式医疗服务（patient-focused care）进行环境设计。

前面这两点表现与国际盛行观念是一致的。值得我们关注的是，荷兰医院环境还有宽敞舒适的特点，除公共空间外，许多医疗机构设有大量高舒适性单人病房。如 MCH 医院肿瘤单元 14 张病床中有 10 床为单人间；Vlietland 医院儿科也以单人间为主；随产能过剩，OLVG 医院也计划将现有住院部改为全单人间护理单元。

荷兰新建医院的康复环境设计总体趋于日常化（ordinary）风格，可谓用户、建筑师和业主"多方共赢"的结果。一方面是从用户需求出发改善传统医疗机构刻板印象的需要，如荷兰当代医院取消了传统环境常见的警示标语和过于专业的病理宣传图画；另一方面则是出自建筑物高地产价值的需要。

表 4-1 中早期建设的几家医院虽已根据新观念进行了环境改造，但与全新建项目相比仍有传统机构的显著特征。AMC 医院是首家用室内街道和广场营造都市休闲氛围的医院（图 4-16 ~ 图 4-18）；2010 年改造完成的 OLVG 医院室内环境即以用户体验为出发点。全新建的 Vlietland 医院考虑到大量服务对象是老年人，在增加环境辨识度方面采用了在不同等候区悬挂老年人熟悉的风景老照片的做法（图 4-17 下左图）。

❶ Mens N., Wagenaan C. Healthcare architecture in the Netherlands [M]. Netherlands: Rotterdam, 2010.

❷ Netherlands Board for Healthcare Institutions, Building Differentiation of Hospitals [EB/OL], Layers approach: 6. http://www.bouwcollege.nl/Bouwcolege_English/Planning_and_Quality/Cure/073609_building_web.pdf, 2007.

❸ 另外两位是赫曼·赫兹伯格（Herman Hertzberger）和拉姆·库哈斯（Ram Koohaos）。

❹ Mens N., Wagenaan C. Healthcare architecture in the Netherlands [M]. Netherlands: Rotterdam, 2010.

❺ 即 the Netherlands Board for Healthcare Institutions（NBHI），荷兰语为 College Bouw Zorginstellingen。

❻ Netherlands Board for Healthcare Institutions, Building Differentiation of Hospitals, Layers approach. http://www.bouwcollege.nl/Bouwcolege_English/Planning_and_Quality/Cure/073609_building_web.pdf, 2007.

3.5　从医疗堡垒到分散化

荷兰医疗政策的变动致使一批项目工期拖延，从表 4-1 可看到 Vietland 医院与布雷达青少年精神卫生中心的设计周期长达 10 余年。当这些始于 20 世纪 90 年代的项目作为 21 世纪新设施完工时，展示给人们的长期思考成果是：无论规模或功能如何，妥善解决了功能需求的建筑都尽力避免了过去"医疗堡垒"（bulwark）❶ 的形象。

如果说这仅仅是从形象上对医疗堡垒的颠覆，那么"核心"医院（core hospital）❷ 和"大爆炸"（Big Bang）概念则从服务组织上探索了粉碎医疗堡垒的可行性（图 4-21）。当人们质疑将各类无关功能聚集在大型建筑中的必要性并指出种种弊端时，2007 年荷兰当代最负盛名的三大建筑师之一卡洛·韦伯（Carel Weeber）❸ 与合作伙伴在名为"大爆炸"的设计竞赛提案中宣称："从医疗建筑的'城市'，走向城市的医疗机构"❹，可视作"核心"医院概念升级版。

核心医院概念可追溯到荷兰医疗机构委员会（NBHI）❺ 开发的医院模型(图 4-22)❻。从灵活性和控制投资需求出发，NBHI 将医院分为四部分，其中纳入核心区域的是医院独有的技术和护理密集型功能部门，如手术部，影像诊断和重症监

图 4-21　左："核心"医院图示；右："大爆炸"概念图示

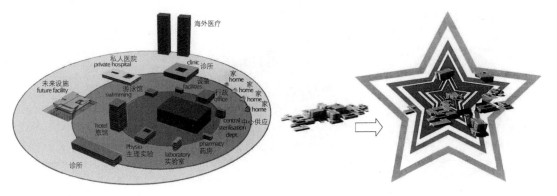

护部门；住宿区域是医院的低护理部分，除提供简单的医疗护理外，主要功能是居住，类似于旅馆；办公区域除了传统意义的行政管理用房外，还纳入了门诊科室，用办公类建筑容纳门诊功能在美国和澳大利亚很常见；工业化区域指那些可以采用流水线进行生产、业务可以外包的功能部门，如营养厨房、实验室和制剂室等。

图 4-22 左图是将一些医疗功能（如门诊）纳入核心区域的混合模型，图 4-22 右图是理想模型。该模型成为"核心"医院方案的理论基础，致力于解决欧洲城市新建医院用地紧张难题，欧洲许多新建医院由于内城缺乏用地被迫搬迁到郊区。核心医院概念认为传统医院中仅一半多点的面积是必须保留的，其余部分完全可以由其他城市设施承担，由此大幅度缩减了新建医院总建筑面积，降低了内城新建医院建设的阻力。

此外，从人性化康复环境需求出发，NBHI 认为更具人性尺度的分散化小型医疗设施将成为未来发展趋势，传统大型医院功能将在 2025 年左右分散到城市各类小型专科诊所和养护等设施中去 ❶，对医疗建筑实际运营的调研结果也支持了分散化发展观念。表 4-1 所列田野考察项目中，全新建项目仅占综合医院的五分之一，而小型设施全部为新建，绝不仅是行程安排的偏颇或巧合。

❶　参阅 Netherlands Board for Healthcare Institutions, In 2025 healthcare facilities will be small-scale, http://www.bouwcollege.nl/smartsite.shtml?id=6963.

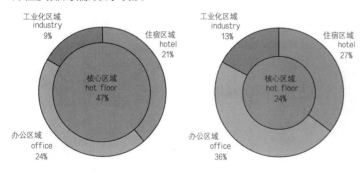

图 4-22　荷兰医疗机构委员会开发的医院模型。左：混合模型；右：理想模型

3.6 荷兰医院建筑的消解

作为一种与社会多重因素有广泛联系的建筑类型，荷兰医院建筑与社会的良性互动值得我们深思，探究二者的关联有助于我们把设计理想落到实处。荷兰医院建筑的通用化、日常化和分散化趋势，与人们对医疗建筑更深入认知及对传统医疗建筑缺乏人性关怀、费用高涨、机变性不强的不满引起的变革相重叠的结果，可谓多方共赢。

直到 20 世纪 90 年代，荷兰医院建筑区别于其他建筑物的类型特点尚明显，但随着 21 世纪第一个 10 年的结束，有着明确功能和形体特征的传统医院建筑在荷兰面临被淘汰的压力。医院建筑类型存亡与否虽尚在争议中，但各方人士对减少医院建筑特定功能区域比例的看法是一致的。在我国当前医疗设施建设在功能主义主导下蓬勃开展之际，不啻为一针促使我们反思的镇静剂。

4　德国医院建筑：绿色的动力

"德国制造"如今已成为高品质产品代名词，医院建筑领域的"德国制造"又如何呢？作者赴德国参加"中德绿色医院及建筑节能研讨会"期间，带着这个问题实地考察了数家有代表性的医院（表 4-2、图 4-23），走访了柏林社会与卫生署、柏林城市发展和环境署与柏林工业大学，与建设方、医院咨询管理及能源管理公司、医疗建筑学者及多家医院建设相关公司人士深入交流。

走访发现，在"德国制造"文化、卫生保健提供体系和绿色建筑发展政策框架下，德国医院业主受到"节省开支"与"有

考察的四家德国医院简况

表 4-2

地点 / 名称	建设年代 / 类型	机构类型	简介
汉堡阿斯克勒庇俄斯医院 （Asklepios Klinik Barmbek）	1999～2005 年 / 原址扩建	综合医院	1907 年创建，原 1200 床、13.5 万平方米；现 701 床、6.7 万平方米；造价 1.65 亿欧元；由专业建筑服务公司管理
汉堡大学艾本多夫医学中心 （UKE）	2003～2009 年 / 原址扩建	大学附属综合医院	1823 年创建，现 1500 床、40 万平方米；新楼（外科楼）750 床，造价为 1.88 亿欧元
柏林贝特尔医院 （Krankenhaus Bethel）	20 世纪 60～80 年代 / 改建	福利医院，附设养老院	初建于 20 世纪 60～80 年代，医院总床位 215 床，总建筑面积 2.35 万平方米；节能改造始于 2007 年，与德国 Scheve（舍韦）建筑服务有限公司合作；2013 年获德国环境与自然保护联盟"节能医院奖"
柏林布赫·赫利俄斯医院 （HELIOS Klinikum Berlin-Buch）	2004～2009 年 / 原址扩建	综合医院	1898 年创建；现总床位 1033 床，新楼 850 床、9 万平方米；造价：2.5 亿欧元。由费森尤斯公司（Fresenius SE & Co. KGaA）投资并运营

图 4-23　左上：阿斯克勒庇俄斯医院，右上：汉堡大学艾本多夫医学中心，左下：贝特尔医院，右下：柏林布赫·赫利俄斯医院

益环保"双重驱动，从观念普及、实际建造到管理运行，系统
而务实地开展着绿色医院建设。下面，就围绕着"绿色的动力"
这个话题，谈谈德国医院建筑发展与德国社会的互动与关联。

4.1　德国当代医院建筑的特点

　　总体上，当代德国医院在输出高品质医疗服务的同时，
有效降低了医院建筑全寿命周期的资源消耗与能耗，特点有
三个：1）二战后发展起来的高水准德国制造业制度与观念影响，
医院建筑有优质的建筑设计与建造基础；2）面对高涨的能耗
成本，德国医院亟需降低建筑运营能耗，"德国制造"在能源
效率方面的领先地位带动了医院的绿色建筑设计及能源效率
研究；3）"德国制造"的专业分工与合作观念，促使德国医院
组建专业化团队进行医院运营与建筑管理，将能耗高的机电
设备设施集中设置为"能源中心"，进行整体优化设计和统一
管理。

　　作为公共建筑类型之一，医院建筑的可持续发展在公共
建筑可持续发展政策既有框架下进行。目前，德国尚未像美
国（〈医疗建筑绿色指南〉，GGHC）和英国（〈英国绿色医疗
建筑评估手册〉，BREEAM Health care)）等国那样，专门为
医院建筑制定绿色建筑评价标准，德国医院使用《德国可持续
建筑评估体系》（DGNB，Deutsche Gesellschaft für nachhaltges
Bauen）来认证。

　　那么，我们来看看相关内容。德国公共建筑要求在保证
优质建筑功能的情况下，尽量降低对自然环境的损害，保护
子孙的生活环境，这样的建筑可持续发展观念已经是德国和
欧盟范围内普遍而深入人心的观念。德国公共建筑可持续发
展目标有三个：1）生态目标（Ecological quality），即环保目标；

2）经济目标（Economical quality），以建筑全寿命周期衡量建筑的经济效益，这样一来，可能采取的一些增加初始建设投资却有利于降低全寿命周期内的维护与更新投资的技术措施；

3）社会文化与功能目标（Socio-cultural and functional quality）。

正是后两个目标，尤其是实效性强、关注建筑全寿命周期耗费和建筑功能价值稳定性的经济目标，使德国医院建筑的绿色发展模式与其他国家区分开来。因为医院建筑的社会福利设施角色和高耗能特性，经济效益成为推动德国医院绿色发展的核心动力，要知道，医院建筑的绿色发展和实施仅靠理性与宣传教育是不够的。

而德国政府为了保障社会卫生保健服务需求以更经济有效的方式得到满足，也会大力资助、推动医院建筑的绿色发展。德国政府为什么会这样做呢？这与德国卫生体制不无关系。

4.2 来自德国卫生体制的影响

德国提供卫生保健服务的方式属于"分散化的国家卫生计划"，政府对卫生保健提供实行较为间接的管理和控制。在西欧，大部分国民卫生保健的资金多由各国政府承担❶，而早在 1883 年，德国就建立了世界上首个国家健康保险体系，通过强制性的国家健康保险计划为国民卫生保健服务买单，目前德国人参加强制性国家健康保险计划和私人保险的比例约为 9∶1。

在确保全人群获取卫生服务时平等可及前提下，政府仅拥有部分卫生服务设施，在资本主义经济体系中对其他设施间接控制管理，并允许医院提供私人卫生保健服务。而医院仅靠医疗保险支付的服务费用是难以承担医院扩建和购买医疗设备的，为了避免由此带来的社会卫生保健服务短缺、品

❶ 科克汉姆. 医学社会学 [M]. 第 7 版. 杨辉, 张拓红译. 北京: 华夏出版社, 2000.

质下降等不利影响，政府承担了这方面的费用。

例如，柏林社会与卫生署（Senatsverwaltung für gesundheit und soziales）于 2013 年投资 5000 万欧元，对 13 家医院进行节能改造。这些医院性质、权属和所处位置不相同，共同特点是政府认为其提供了社会必需的卫生保健服务，而医院设施影响到了医疗服务提供，或医疗服务提供能耗成本过高，政府审核医院申请后在绿色医院建筑发展框架下对其全资资助或提供部分资金。

4.3 来自医院市场竞争的影响

身处市场竞争中的医院，需要面对日益高涨的能源价格和建筑用能需求，而政府在医院运营方面的补贴逐年缩减，为降低运营成本，医院别无选择地走上了追求全寿命周期（从建设到运营 建筑节能的绿色道路。除了卫生提供成本压力外，"随着国际市场各种原料如石油、天然气、电和水等价格的上升，能源已经成为继原料和资本之后的第三大成本投入"[1]，因此，能源利用率提升对于所有医院来说，都是一个必须面对的课题。

例如，作为德国医疗行业的发达城市，汉堡医院众多，阿斯克勒庇俄斯医院（Asklepios Klinik Barmbek）所属的医疗集团就有 6 家医院设立在该市，但每个医院作为单独经营的经济实体存在，竞争激烈、运营压力非常大。医院每年都需要根据运营情况调整医疗服务结构，但医疗市场很难预测，医院只能将重点放在控制成本费用方面，以提高盈利。面对德国近年来逐年高涨的电能价格，阿斯克勒庇俄斯医院通过改造照明系统等稳定住了用电成本，否则需要 300 万欧元来填补能源上涨费用。

[1] 牛艳红 . 德国制造注重绿色能源 [J]. 纺织服装周刊 . 2010, 24（07）: 23.

因此，在德国，有绿色建筑设计业绩的建筑师格外受欢迎，甚至有些项目明确要求有绿色建筑设计业绩的设计团队才能参与。目前德国医院新建设量少，大量医院建筑的可持续发展项目是对既有设施的优化与治理，医院为此积极寻求政策支援和专业团队的合作，催生了测评、改造和维护管理医院建筑能耗的专业，如西门子公司是德国目前最大的提供测评与节能改造业务的公司，图 4-24 是其在德国 20 余家医院做的测试结果，100 分是最佳，汉堡大学艾本多夫医学中心（Universitatsklinikum Hamburg-Eppendorf，UKE）目前得到了不错的分数，但还有改进空间。

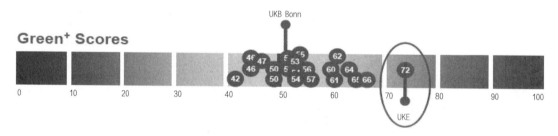

图 4-24　西门子对多家医院能耗现状进行评估

4.4 "德国制造"传统的影响

德国制造行业有着严谨、对高品质精益求精的态度，加上新经济环境下的发展观念，这些都对德国医院建筑的绿色发展有着深远影响。

一方面，"德国制造"依赖政府与企业的制度建设、严格的法规标准与覆盖全社会的质量管理体系，产品具有精密高效、可靠耐用、少维护和设计优异的高品质；因此，与其他国家不同，德国绿色建筑法规就特别注重对过程质量的控制并强调建筑功能良好少维护的品质。

另一方面，以家族企业为主体的德国企业发展目光超越短期利益，"更加看重员工、客户、工会、社会利益，并且兼顾德国特有的各阶层政治家的利益"。❶ 德国建筑能耗是需要公示的透明领域，医院为塑造良好的社会形象也会格外重视发展绿色建筑。

德国自 2007 年开始，规定新建，改建以及扩建的建筑都要填写申报并获取一个评估建筑节能等级的证明——"能源证"，并规定 1000 平方米以上的公共建筑有义务向公众提供能源证证明，并张贴在显眼的位置。除此之外还有其他多类奖励措施，如汉堡大学艾本多夫医学中心（UKE）2009 年加入"建设绿色大学医院"项目后，获得了政府奖励并拿到相关执照——能源管理系统执照、环境管理系统执照。

"德国制造"领域，可再生能源领域的发展与应用居世界领先地位，要知道，德国"拥有全球最大的光伏市场和欧洲最大的风能市场"。❷ 因此，与"德国制造"可持续发展观念一致，德国医院建筑的绿色设计和建造采用的是"生命周期环保策略"，建筑物必须从"襁褓"到"坟墓"，即在全寿命周期内均要达到环保要求。总之，"德国制造"的一贯务实、缜密与目标长远特征在建设领域的投射，是德国医院建筑绿色发展的坚实基础。

那么，在绿色医院建筑领域，"德国制造"的具体表现如何呢？下面结合实例详细解读。

4.5 德国医院的绿色设计建造

德国医院建筑的绿色发展方式涵盖内容见表 4-3。与其他类型公共建筑相比，医院建筑多了一项"流程优化"，这是由医院建筑复杂的功能特决定的；此外，在实际考察中发现，较长的设计建造周期、建筑质量索赔法规、利用材料做法节能节支等，也是德国医院建筑高品质设计建造的关键因素。

❶ 钱丽娜，马新莉．是什么成就了"德国制造"[J]．商学院，2012，04：18.
❷ 米夏埃尔·普法菲尔，韩佩德．德国制造：中国企业的未来？[J]．社会观察，2012，04：33.

医院建筑可持续发展内容纲要　　　　　　　　　　表 4-3

	分项名称	内容
1	资源利用	节约用材；可持续，耐用；可回收，无合成材料；使用易分解材料
2	流程优化	优化建筑维护；温度可调控；智能控制系统；机电设备运行时间可控
3	场地品质	节约用地；与公共交通衔接；优化市政设施；提高社区品质
4	有益健康	用材无害；好的空气质量；保温隔热舒适度高；视觉／听觉环境舒适；不排放有害物
5	节约用水	雨水利用；屋顶绿化；地面雨水可渗透；废水处理；
6	利用可再生能源	使用地热能源；生物能源；太阳能；光电能源；太阳能制冷
7	节约用能	保温隔热效能；降低热传输损耗；房间温湿度满足需求；照明系统高效；降低基本用能（电、热、水）需求

（资料来源：Christian Knäpper. 绿色建筑和绿色医院 . 德索美 Drees & Sommer 工程项目管理咨询集团）

医院的功能流程优化与效率提高，不仅能降低运营耗能支出，还有助于降低医院人工费用，从而广受医院重视。例如，阿斯克勒庇俄斯医院原址更新建设前，每年亏损 2000 万欧元，原有医院建筑庞杂、功能流程效率低下，是造成亏损的原因之一；而现在的阿斯克勒庇俄斯医院，除去能源和工资上涨因素，医院净收入为 4000 万～5000 万欧元，据医院管理方介绍说，这与流程紧凑高效、易清洁维护的新医院建设分不开（图 4-25）。

老医院总规模 1200 床，用地纵向 400 米，横向 1200 米，采用分散式——由 60 幢地下层全部连通的楼组成，从北部急诊室到最南端的新生儿科或眼科，不仅病人需要推来运去，药品运输和医护人员工作流程也是如此，既浪费资源又浪费能源，清洁也麻烦。过去医院人工费占到总费用（成本支出）的 65%。

医院更新建设时规模缩减为 701 床，采用集中式，用一栋

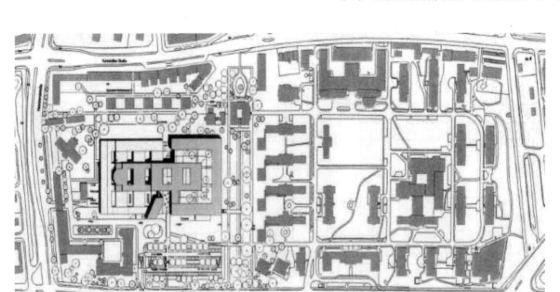

图 4-25 阿斯克勒庇俄斯医院原址更新后总平面图

楼容纳所有功能，辅以影像诊断图片的网络传输——放射科的片子（电子版）半小时后在各科即可看到，与之前建筑物路线冗长复杂、折返多次的诊疗流程相比，新建筑医学流程更为紧凑、科学和便利。

医院建筑面积也由原来的 13.5 万平方米缩减为 6.7 万平方米，目前人工费降至原来的 55%。"流程优化"不仅是医疗流程的优化，也是有利于医院日常维护的设计优化，例如，医院的清洁卫生非常重要，清洁维护费用也是日常运营支出的组成部分，建筑若采取了便于清洁的设计，就会大大节省维护的人力与费用。

图 4-26 所示阿斯克勒庇俄斯医院首层平面中，标三角的是急诊室，共设 18 间诊室，与相邻标圆圈的区域，即影像科共用 X 光和 CT 等影像设备用房，若急诊病人需要手术，急诊部旁边标菱形的区域就是手术室（15 间）；从影像科进手术室的入口处，有全部的手术准备设备设施；若病人无须放射诊

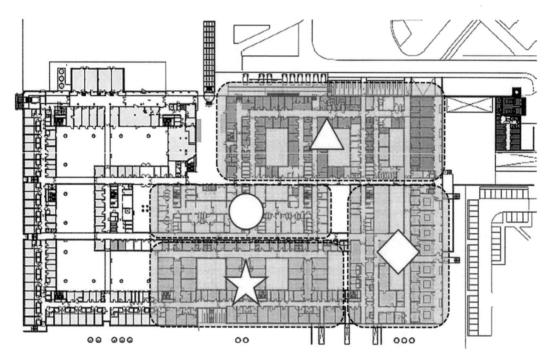

图 4-26　阿斯克勒庇俄斯医院首层平面图

断直接手术，则从急诊入口过来也很近。手术后，手术部旁边标星形的区域是 30 间特护病房，平面图最左侧是 80 间普通病房。由此，首层包含了从诊断、检查治疗、手术、监护和恢复等全部诊疗程序。

可开启庭院穿插于医院新建筑中，在医疗功能紧凑的同时，保证了康复环境的优美：庭院的天窗根据气候条件——温度、光线、风和降水等进行自动控制，保证庭院温度在 18℃左右（图 4-27）。

德国公共建筑普遍设计建造周期长。例如，阿斯克勒庇俄斯医院从 1999 年 10 月筹建到 2005 年 12 月新医院投入使用，用了 6 年。柏林布赫·赫利俄斯医院（HELIOS Klinikum Berlin-Buch）仅规划设计用了 6 年时间，即便这样，实施方案与理想规划方案相比仍妥协了许多。

规划设计时考虑建筑全寿命周期成本，包括医院建造成

图 4-27　阿斯克勒庇俄斯医院带自动可开启天窗的内庭院

本和运营成本，建造成本经常比运营成本低得多，后者大约是前者的 5 倍，研究认为在规划阶段对建筑潜在运营费用影响最大，其后影响机会减少（图 4-28），因此需要充足、合理的规划设计周期。

在该阶段，建筑业主与主管政府部门沟通，并邀请专家介入参与，共同讨论可持续发展问题，如场地是否理想、公共交通条件如何，更为重要的是，建设需求是否迫切，能否以其他设施代替——最优保护环境资源的方案是零建设。在规划阶段，除了采取被动节能方式的建筑布局紧凑，充分利用自然通风采光和优化保温隔热措施等之外，建筑师和各专业工程师合作，一起决定用何种技术设备，如何利用光伏、太阳能技术及其他可再生能源，在建筑方案阶段确定建材，整个规划设计过程中已考虑建筑回收和拆除的技术路线（图 4-29）。

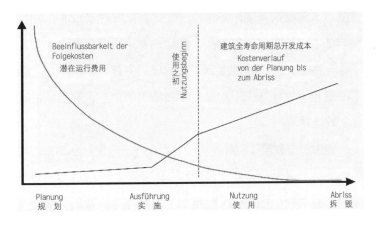

图 4-28　建筑全寿命周期的潜在运营费用控制

阶　段 Phase	环保要求 Ökologische Aspekte
项目前期 **Projektvorbereitung**	选址交通便利 Ökologische Fragen zur Standortwahl Verkehrsanbindung
项目策划 **Bedarfsprogramm**	评估项目建设必要性 Maßnahme zwingend erforderlich ? Untersuchung von Alternativen
项目竞标 **Wettbewerb**	以建筑绿色设计为重 Beachtung ökologischer Vorgaben zum Wettbewerb
规划方案设计 **Vergabe der Planung**	审查方案及设计师是否 满足VOF法规的绿色设计要求 VOF Verfahren unter Berücksichtigung ökologischer Kompetenz der Planer
初步设计 **Vorplanung**	Versiegelungsgrad　密封性能 Gebäudeform　建筑形态 Fassadenlösung　立面方案 Technische Systeme　技术系统
Bauplanung Bauplanung　施工图设计 Genehmigungsplanung　施工图设计审批	Baustoffe/Materialien　材料 Möglichkeit des Rückbaus　拆除处置 Recyclefähigkeit　回收利用

图 4-29　建筑规划程序中的绿色设计控制节点

医院建成后，德国建筑的质量索赔法规有效保障了建筑使用品质。德国建筑质量保质期是 5 年，机电设施保质期是 2 年，保质期内若出现质量问题，业主可根据合同和问题类型要求施工单位更换或进行维修，如有负面影响可提出索赔，而更换维修的地方又可以重新开始计算保质期。

以阿斯克勒庇俄斯医院为例，因为上述原因，医院从建设单位获得的索赔高达建设投资（1.65 亿欧元）的 2% ~ 3%。医院为此在新建筑投入近两年、近五年时开展全面审查，找到了 2500 个问题。如今，因为更换维修处重新计算保质期的缘故，虽然已投入使用多年，医院仍有很多建筑设施的质保期未结束。该医院所属集团在汉堡的 6 家医疗机构，均采用了这一经验，甚至还传播到了慕尼黑。由此，德国的质量索赔法规也有效地约束了相关企业和施工单位提供高品质的设施和建造质量。

德国制造联盟使设计界与工业界联合，追求产品制造过程的工艺改善并延续至今，设计师也因此更关注原材料质量对于产品耐久性的影响，关注生产工艺的提高。建筑师沿袭了

"德国制造"传统，钻研建筑材料做法，通过低技术手段实现生态目标。例如，阿斯克勒庇俄斯医院 2005 年建成后，有调研表明，病人对当时医院的白色与灰色主色调感觉压抑，因此，医院在 2007 年换了鲜亮温暖色调的涂料，并增加了 15% 的反光度、选择了易清洁的涂料；环境阳光而温暖的室内视觉有效地减低了能耗：一可以避免开灯，二可以避免开暖气。因为若视觉感觉暗或冷的话，用户就会开灯或用暖气；易清洁涂料减少了重新刷墙的维护支出和清洁工作。

总之，医院建筑的"德国制造"保持了一贯的严谨与精益求精，从策划、规划设计、建造到运营全过程都有专业技术团队参与，是系统性的协作过程。德国医院建筑整体上呈现务实高效的特点，经济作为核心驱动力，推动着作为独立经济实体的德国医院寻求绿色合作与发展，从而实现了医院建设社会效益最大化。

与德国相比，我国当前医院建设的规模扩张非常需要警惕。德国除了在医院建筑设计时通过流程优化设计缩减建筑空间体积外，还尽量缩减医院建设项目，从源头开始控制。在德国医院建筑的策划阶段，项目是否有必要建设是一项关键研究内容，而非走走形式而已。

此外，德国通过借助各种措施缩减住院天数，尽量减少使用昂贵的医院服务，如 2004 年德国改革医疗保险付费方式，保险公司不再按病人在医院治疗中实际发生费用付费，而采用"DRG"——按病例定价付费方式。这一改革迫使医院缩减成本，减缩病人住院期，这也催使医院发展日间诊疗、快速外科手术并改进麻醉技术，综合作用之下，病人平均住院日缩短了近一半。

我国当前医院建筑的绿色发展与德国相比，经济驱动力显得没那么强劲，不同地区间也存在差异。山西省人民医院基建办主任、山西大医院筹备处技术负责人吕晋栋曾直言："相比较而言，北京的医院不是特别在乎节能，因为能耗开支在成本中只占很小比例，北京大型的、全国知名医院的重要工作是如何提高工作效率、诊治全国蜂拥而来的病人，节能、绿色建设工作目前还相对不重要。而山西的医院，能耗占成本比例较大，在乎医院建设的节能问题，从经济角度出发，愿意节省医院能耗"。

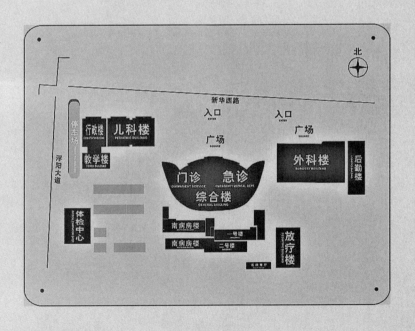

第 5 章

『正确设计，错误使用』：管窥中国当代医院

前页插图:
图 5-1 河北某医院门诊、急诊综合楼按院方要求设计成形似元宝状

近 30 年来,我国当代医院建设取得了世界瞩目的成就,但也存在着许多问题。本章结合当前卫生保健服务提供体系发展的大背景,基于医院建筑设计实践与调研,管窥一下我国当代医院建筑及其容纳的社会生活概貌。具体内容如下:先介绍我国医疗服务供给情况;再介绍与之紧密相关的、本土医院建筑发展的三个突出现象,即陪同者与探视者现象,"正确设计、错误使用"现象,以及"越建越大的封闭医疗城"现象;最后介绍一下医院各使用人群的观点。

1 我国医疗服务的供给

1.1 中西医此消彼长

自 19 世纪西方医学传入后发展至今,中国医疗主体、医学教育制度和医院模式已全盘西化。1949 年后,我国开始仿照西医院体例设立中医医院。如今,传统医学虽仍有拥护者、信从者和从业者,但已非医疗主流:据《2013 年第五次国家卫生服务调查分析报告》,使用中医服务的门诊患者仅约占 11% 左右。

采用西方模式的现代医院已成为我国社会解决健康和疾病问题的首要场所。我国现有医院 33009 个,其中中医院有 3977 余所,占 12%。❶ 此外,随着中医现代化发展,当代中医医院部分医疗服务内容、功能结构逐渐与综合(西医)医院趋同。例如,中医院也设置医技科室、配置医疗仪器设备等。

1.2 医疗服务难题多

我国有 13 亿人口,于 21 世纪初步入老龄社会❷,截至 2017 年年末,我国有 65 岁以上老年人 1.58 亿,占总人口 11.4%❸;而 65 岁以上老年人的住院率是所有年龄组最高的,

❶ 《2018 年我国卫生健康事业发展统计公报》数据。

❷ 根据相关定义,我国从 2000 年进入人口老龄化社会。最新定义为:65 岁老人占人口 7%,即该地区视为进入老龄化社会。

❸ 国家统计局. 中国统计年鉴——2018[R]. 北京:中国统计出版社. http://www.stats.gov.cn/tjsj/ndsj/2018/indexch.htm. 2018-10.

高达 **19.9%**。❶ 为满足 **13** 亿人口的医疗服务需求，中国医院以当今世界少有的增长速度和扩张方式发展着。

根据国家卫健委数据，全国 **2000** 年有医院 **16318** 个，医院总床位 **216.67** 万张；**2018** 年末，全国医院数 **33009** 个、医院总床位达 **651.97** 万张；与 **2000** 年相比，医院总数增幅达 **102%**，总床位增幅高达 **201%**。大型医院所占比重也在逐年上升。如，**2001 ~ 2018** 年的 **17** 年间，**800** 张及以上床位的大型医院占 **2001** 年总医院数比例就由 **2001** 年的 **0.9%**（**157** 个）增至 **5.7%**（**1874** 个）。

除了医疗建设量大以外，我国还面临着医疗资源分布不均衡问题：我国用全球卫生总开支的 **2%** 为全球 **22%** 的人口提供服务，其中 **80%** 的卫生资源为我国城镇人口所用，这部分人占总人口 **30%**，其余 **20%** 的卫生资源为 **70%** 的农村人口所用。❷ 此外，医疗卫生服务效率、费用和质量也存在诸多问题。

1.3　未建立转诊制度

与西方国家相比，我国卫生领域最显著的问题之一，就是缺乏初级医疗层面的"守门人"转诊制度。我国医疗服务提供体系由初级（社区级）医疗机构与二级（城市级）医疗机构组成。二级医疗机构指专科、综合及中医医院等各类医院（包括县级医院）。

目前卫生政策主要管控医疗服务提供机构，而对服务使用方（患者等）很少或没有限制❸，因此患者就医时无论大小病症趋向于到大医院找专家；此外，二级医疗机构之间也存在分工不清、各自独立并相互竞争的问题，高级别医院凭借技术实力发展壮大，使医疗服务网络呈倒三角形。为此，"**2005** 年以来，有关部委联合出台一系列文件，国家安排 **217** 亿专项

❶ 国家卫生计生委统计信息中心 . 2013 年第五次国家卫生服务调查分析报告 . 北京：国家卫生计生委统计信息中心，2015-01: 140.

❷ 胡庆澧 . 2006. 中国卫生改革的公正性和社会责任 [J]. 医学与哲学：人文社会医学版 . 2006, 11.

❸ 潘志刚 . 英国医疗服务体系简介及启示 [J]. 中华全科医师杂志 . 2004, 04: 265.

❶ 其中城市到基层医疗卫生机构就诊的比例由 2003 年的 36.6% 增加至 2008 年的 48.3%，农村由 79.3% 增加至 81.7%。参见：卫生部统计信息中心 .2009-09.2008 年中国卫生服务调查研究：第四次家庭健康咨询调查分析报告 :146.

❷ 国务院发展研究中心 . 对中国医疗卫生体制改革的评价与建议 [J]. 中国发展评论 . 2005（增刊）.

❸ 李玲，江宇，陈秋霖 . 改革开放背景下的我国医改 30 年 [J]. 中国卫生经济 . 2008，02：8.

❹ 李玲 . 分级诊疗的基本理论及国际经验 [J]. 卫生经济研究 . 2018，01：7.

❺ 宋喜国，刘瑞林 . 论公立大医院规模扩张与建立新型医疗服务体系的冲突 [J]. 中国卫生经济 . 2013，32（363）：30.

❻ 卫生部统计信息中心 . 2008 年中国卫生服务调查研究：第四次家庭健康咨询调查分析报告，2009，09：149.

经费，重点加强城乡基层医疗机构的建设"，病人就诊流向有所改变。❶

在英国，90% 轻微症状的病人可在初级医疗层面的全科医生诊所里得到诊治，仅全科医生无法处理的 10% 的复杂症状病人转诊到综合医院或专科医院。因为缺乏转诊制度，我国综合医院接诊的病人中有 80% 是普通病（轻微症状病人），有 20% 是疑难杂症患者，而服务后者才是综合医院本该有的定位（图 5-2）。

20 世纪 80 年代启动医改后，各级医疗服务机构为争取市场利益进行无序竞争，更突显了转诊制度缺失问题。❷ 在医疗服务体系的三个目标"覆盖率"、"效率"和"质量"中，主要强调了"效率"，而这个效率"仅仅只是微观机构的效率"❸，并不是针对整体医疗系统宏观健康产出而言的效率。2009 年 4 月，我国启动了以"保基本、强基层、建机制"为指导原则的新医改，但大型公立医院近年仍旧发展迅猛，人满为患；而基层医改则成效平平。❹❺

以预防为主的医疗卫生体系是实现低成本的方式，"尽管预防为主的方针政策早就被提出并屡见于中央文件，但由于种种原因没有得到很好的全面贯彻执行"❻，我国自 20 世纪 80

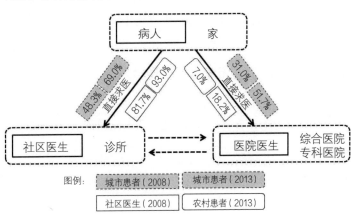

图 5-2 我国患者首诊机构构成（资料来源：2008 年中国卫生服务调查研究家庭健康咨询调查分析报告；2013 年第五次国家卫生服务调查分析报告）

年代开始的、长达 30 年的医改渐渐偏离了这个理念，走向以治疗为主的高成本道路 ❶；2009 年新医改也未能使之转向。

1.4 有本土就医习惯

当代生活受传统生活观念与方式影响深远，生病就医是民众生活中普遍存在的组成部分，国人生病就医有着不同于西方人的文化与习惯。台湾医学社会学家张苙云用"一人生病全家住院"形容医院开展的医疗活动与家庭生活的关联。

旁观者清，我们来看看在华医生记录的国人在使用医疗服务时一些由来已久的普遍性习惯：

（1）重复使用同类医疗服务。法国学者指出："中国病人的普遍习惯是同一种病征询不同的医生而且采用不同的药物"。❷

（2）以医治官员的官阶、数量等为衡量医院医疗服务水准的标杆。医治、结交达官贵人成为外国医生初来中国时寻求顺利立足的经验之谈。

（3）在治疗过程中普遍由家属亲友陪同或为后者探望。在《美国医生看旧重庆》中，谈到美国医生在华管理医院时的妥协之一，就包括容许"外客走进走出，无人管理"。❸

2 无法忽视的陪同人员

与西方相比，我国广泛存在的医院病人陪护现象具有人数多和人次多的特点（图5-3）。患者门诊就医有人陪同，住院时有更多的探视者与陪床者，越高级别的医院，陪同率和陪同人数也往往越高。

❶ 李玲，江宇，陈秋霖 . 改革开放背景下的我国医改 30 年 [J]. 中国卫生经济 . 2008, 2: 8.

❷ F·布莱特－埃斯塔波勒 . 19～20 世纪的来华法国医生：南方开放港口、租界和租借地的拒绝或依从 [M]. 韩威，孙梦茵译 . 殖民主义与中国近代社会国际学术会议论文集 . 北京：人民出版社，2009.

❸ 贝西尔 . 美国医生看旧重庆 [M]. 钱士，汪宏声译 . 重庆：重庆出版社 . 1989.

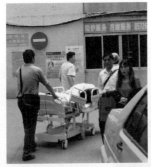

图 5-3 上左：北京肿瘤医院诊室内景，陪同者围着医生帮忙回答问题、旁听护理事项等（程萌摄影）；上中：武汉协和医院陪同者帮助转运病人；上右：北京儿童医院临建房中，外地病患与家人席地而睡；下左：北京儿童医院 B 超检查室外，陪同的成人远超儿童病患数量；下中：湖南湘雅医院急诊等候厅，陪同者带着生活用品在此过夜；下右：武汉协和医院院内宣传条幅

2.1　医院建筑超负荷使用

长沙湘雅医院院长在一次报告中谈到，来湘雅医院就诊的患者常有 2 ~ 3 人陪同或更多。作者在上述对北京某市属二甲基层医院门诊调研时，观察到 60% 的患者有陪同者，其中 1 人因患眼疾治疗后戴眼罩暂时失去视力，由两人陪同，其余均为 1 人陪同；台湾地区跟大陆情况差不多，例如某医疗中心的陪同率为 65.8%。❶

据《高层住院楼电梯配置与设计方法》❷ 一文中的调研数据，住院部电梯总使用人数约为床位数的 2.9 倍，其中包括患者、医护人员、陪护人员和探视亲友者。被访的 240 位患者有 81%、194 人曾有朋友来探望，每天、每床探望人数为 0.45 人次。

西方则有不同。作者留学英国国立医疗建筑研究所❸ 期间，曾在英国基层医疗机构、位于伦敦市区的 Waldron 社区

❶ 张苙云. 医疗与社会：医疗社会学的探索 [M]. 第 3 版. 台北：巨流图书公司，2004.
❷ 龙灏，丁玎. 高层住院楼电梯配置与设计方法 [J]. 建筑学报. 2009, 09:92.
❸ 英国国立医疗建筑研究所，即 Medical Architecture Research Center, , MARU, 位于伦敦市中心。

医疗中心（the Waldron Health Centre）调研❶，该机构有陪同者的病患仅为 15.5%（图 5-4），远少于我国类似医疗服务机构、上文北京二甲基层医院的 60%。

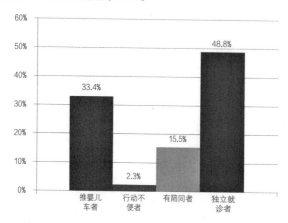

图 5-4　英国社区医疗中心患者陪同情况

　　陪同与探视者已成为医院拥挤的重要因素之一，引发了一系列建筑使用方面的问题。大量人流在医院聚集，对医院的等候与诊疗空间、交通设施、卫生设施、通风换气与污水处理和能源消耗等的使用需求都大幅增加了。

　　例如，湘雅医院设计时考虑了 8000 人次左右的门诊量，实际上有 4 万～5 万人在流动，其中除了陪同者，还有上午病没看完的人滞留医院、跟下午来就医者重叠的患者群体等。这家医院建成投入使用没多久就进行了化粪池扩建。❷

2.2　陪同人多的社会因素

　　病患就诊时陪同人数多、人次多，一方面是源自社会传统文化，我国是人情社会，需要给予病人感情上的支持，对病人表示关切等；另一方面是源自医院人事体制，以及一些护理工作内容没有服务立项和物价局定价等。

　　作者对北京某基层医院门诊患者进行现场问卷调研中发现，陪同者回答陪同原因（多选）时，有 50% 是需要给予患

❶ 该中心主要提供全科医生和轻微症状的急诊服务等，观察时间为 2011 年 3 月 9 日上午 10：00～11：00。

❷ 孙虹 . 关于大型医疗建筑运转效率和安全性能的思考 . 武汉："中国医院建筑百年的思索和探讨"院长高峰论坛，2012-05-10.

者感情支持；25% 是因为就诊流程事务繁杂，恐怕生病的亲人难以单独应对而前来帮忙。其他 25% 则诸如患者行动不便、下雨天患者出行不便等原因。住院部家属陪同和探视现象更为普遍，"住院普遍被视为一件很严重的事，需要随时有人关注与照料，而家庭又是医疗照顾的基本单位"。❶

图 5-5 所示为我国大陆与世界其他国家卫生资源对比柱图。❷ 与亚洲国家韩国和日本相比，我国卫生资源比较落后；与市场逻辑主导医疗卫生服务提供体系的美国相比，我国医院床位基本与之持平，但医护人员尤其是护士资源落差巨大；与医疗体制、实施"社区诊所—医院"转诊制的英国相比，医生和床位资源相对落后。

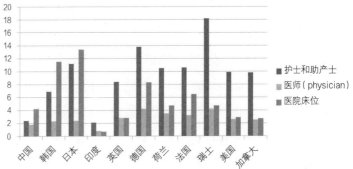

图 5-5　我国 2000～2009 年与世界其他国家每万人口医师、护士和助产士及医院床位数的对比柱图（根据《2010 中国卫生统计年鉴》及张苙云《医疗与社会：医疗社会学的探索》）

在这种情况下，陪同者与探视者就承担了医院护理工作中缺失的这部分工作。如图 5-3 下右所示，武汉协和医院院内，护理精神宣传口号与旁边提供护工及陪床用品"租被"、"租床"的广告形成鲜明对比。

病患的陪同者与住院探视现象存在城乡和地区差异。一方面，与医护人员分布不均衡有关（图 5-5），而这是医疗资源中最不平均的一项。❸ 研究表明"医疗资源的区域分布并不会直接反映医疗服务的需求"，如"乡村地区的多为老弱妇孺，是最需要医疗服务的一群"，但现实是县、乡镇医院卫生技术

❶ 张苙云. 医疗与社会：医疗社会学的探索 [M]. 第 3 版. 台北：巨流图书公司，2004.

❷ 注：1）中国系 2009 年数字。2）医师数系执业医师数（不含口腔医师），护士和助产士系注册护士数；3）每万人口医院床位系医疗机构床位数；台湾地区是 2003 年数据。

❸ 张苙云. 医疗与社会：医疗社会学的探索 [M]. 第 3 版. 台北：巨流图书公司，2004.

人员每千人口数量比城市要低，事实表明"地区发展对医事人力的分布有显著的影响"。❶

另一方面，与县、乡镇社会比城市更多保留了传统人情礼节有关，这已成为县、乡镇医院建设经验的一部分。例如，作者2005年设计天津市城关镇宝坻区人民医院（二级甲等综合医院，共600床）时，医院院长特意叮嘱住院部交通核心区域的电梯要比同规模城市医院多设置两部，因为"我们这里是农村，来看人的多"。

2.3 需要正视的陪同诉求

在主管医院建设的一方，因为陪同人群难以管理（图5-6左上），有的业主对陪同人群"占用"医院建筑空间持抗拒态度。例如，在作者参与设计北京协和医院过程中，在设计方案沟通会上，曾任职护士长的一位基建负责人明确要求ICU（重症监护）不设置等候区，因为来北京协和医院看病的外地人居多，一旦有等候区，就有ICU病患的家属进来过夜，给医院管理工作增加负担。

在患者陪同者和探视者一方，则对医院建筑设计（尤其是住院部）未将他们的空间需要纳入考虑多有怨言。作者调研访谈中，有陪护经历的受访者提议道："医院在建设之初，不仅要为病人着想，特别是住院部，也要为陪护的人着想一下，……设计一些便利的陪护床也行"。有位居住在河北石家庄市的受访者认为，"我这些天一直在照顾病人，感触比较深。每天往医院跑，每天一日三餐地守护，就是觉得（医院若给予）生活上的方便和心理上的温暖很重要"。还有更多受访者指出，"住院缺乏陪护空间"或直接建议"加大家属陪护空间"。

美国环境心理学家罗杰乌里奇（Roger Ulrich）教授提倡的"支持性设计"理论（Theory of Supportive Design）三原则

❶ 张苙云. 医疗与社会：医疗社会学的探索 [M]. 第3版. 台北：巨流图书公司，2004.

❶ Susan Francis, Rosemary Glanville, Ann Noble, Peter Scher. 50 years of ideas in health care buildings[M]. London: The Nuffield Trust, 1999.

之一，就是要求医院建筑空间设计便于病人得到来自家庭的社会支持。❶ 家人的陪伴有助于舒缓患者的紧张情绪，促进康复，如图 5-6 上右所示，单人间病房从 2006 年开始成为美国医院的标准模式，家属可以过夜陪护，靠近外窗设置独立的家属区已成为美国病房的标准设计。与西方当代提倡医院建筑设计的人本关怀、倡导"支持性设计"不同的是，中国家属陪护还具有不可替代的照护功能，而非仅仅提供心理上的社会支持。

图 5-6　左上：北京地区两家医院在室外及楼梯内晾晒的衣物；右上：美国病房靠外窗处特别设置了"家庭区域"（资料来源：Kirk Hamilton，2017）；下：日本大阪德州会医院病房区供陪同者使用的洗衣房

在当前设计实践中这一现象开始有所改观。通过参观与交流，了解本地病患家属需求，以及西方和日本医院建筑中人性化设计细节后（图 5-6 下图），有的建筑师开始关注到病患陪同者和探视者需求，并在医院建筑设计中尽力为家属提供便利。如苏北人民医院病房楼设计中就设有晾晒台和洗衣房供家属使用等。但是，建筑师的设计决策和技术改善的范围有限，解决的家属需求也就有限。

3 正确设计，错误使用

除了本土就医习惯等因素引发的医院建筑超负荷运转外，在当前国内的现代化医院中，还广泛存在一种被称为"正确设计，错误使用"的现象。原北京卫生局发展计划处处长、北京市医院建筑协会副会长杨炳生先生在接受作者访谈时指出，这类医院的"合理建设不合理使用"是我国的常见现象。

与转型期社会暴露的发展不协调问题（表 5-1）相似，在国际医院建设经验交流频繁、我国医院建设目标和建筑设计水平快速提高的当下，医院现代建筑的场景与之容纳的社会生活观念和方式同样存在错位现象。

"非典"冲击下暴露的 5 对主要转型期社会发展不协调问题　　　　表 5-1

序号	获得发展的方面	发展滞后的方面
1	经济增长	社会安全
2	经济体制改革	行政、政治体制改革
3	现代化过程	人口再分布过程
4	城市现代化	农村现代化
5	生活场景与水平	生活观念与方式

（资料来源：郑杭生，2003）

建筑的设计与实际使用存在差异,在世界范围内广泛存在,各种类型建筑物在实际使用时,或多或少都存在不按设计用途使用的现象,医院建筑这类功能复杂、建造工期长的建筑更不用说了。我国医院中的设计"错用"都有什么独特现象?背后的原因是什么?这里,就让我们从医学社会学角度分析一下。

3.1 设计与使用产生矛盾

在运营过程中,几乎所有医院都依据使用需求对原设计进行了不同程度的改动。例如,北大国际医院基建管理者介绍,医院 2014 年年底建成投入使用,而建筑改造从第一年就开始了,当年高达 200 多处,5 年后改造的频次才逐步减少到零。

很多医院在运营中不按原设计使用建筑。例如很多医院都有封闭一个或多个出入口的做法:图 5-7 中,建筑师为某医院的门诊、急诊、住院病患及陪同(或探视)人员分别设计了三个出入口,业主在运营中关闭了急诊、住院出入口,来访人员全部由门诊出入口进出。图 5-7 左是废弃不用的住院部出入口,图 5-7 中是被关闭的急诊出入口,贴着"走正门"的纸条,箭头指向门诊出入口。再如图 5-7 右所示医院,关闭了儿科门诊的独立出入口,让儿科患者和成人病患共用一

图 5-7 医院在运营中封闭了建筑师基于就诊流线需要设置的出入口

图 5-8　公共空间改为私密空间使用

个门诊出入口。

　　有的功能增长过快，占用了公共空间。例如，图 **5-8** 所示是三处公共空间改为私密空间使用的案例，左为北京某医院走廊端部被封闭起来用作医护更衣室；中为河南某医院走廊成了陪同者过夜的地方；右为河北某医院在护士站附近加病床的情形。

　　"错误使用"现象不胜枚举，设计师和普通群众早已习以为常。随便去一家医院逛逛，专业设计师多少都能找出一些明显与设计师意图不一致的使用现象，设计圈外的人们则多少都能发现一些"怎么用起来这么别扭"的建筑设计。那么，是否可以用一句"存在即合理"，将之视为"正确设计"、用户可以"随便使用"的合理现象呢？

　　姑且放下这个口头上的争执不管，从实际效果看，这些医院建筑设计的"误用"不仅浪费了空间资源，也带来了使用不便：改造后的空间在运营中"将就使用"的居多，并非理想的空间状态。为避免在医院建设中重复这类问题，背后原因值得深究。

3.2　错误使用的社会因素

　　实际使用与设计意图不符，原因主要有两方面：一是建筑师对医院实际运营缺乏认识，建筑师设定的建筑空间用途局限于医疗功能，对空间所容纳的社会生活认识不足；二是医院建设的现代化和人性化是系统性工程，如果缺乏社会卫生保健服务提供体系和社会生活的同步改观，医院建筑设计团队单方面的物质空间改善愿景难以在使用中实现。

在图 5-7 所示公立医院中调研时，院方告诉作者，之所以封闭住院部等出入口，是因为医院出入口多，再加上大量的消防疏散口，需要花钱雇佣安保人员站岗巡逻，医院为减少安防成本，就关闭了部分出入口。这就是建筑师对医院的实际运营缺乏了解所致。

在图 5-8 所示医院中走廊"错误使用"的现象，在于国内缺乏转诊制度，医院要接诊的病患太多、远超建筑设计容量所致（详见本章第 1 节"我国医疗服务的供给"以及本章第 4 节"大而封闭的超级医院"）。

而前面提及的北大国际医院新建筑刚投入使用就历经数百次改造，其中原因，除了建设策划期的学科规划与建成后落地的学科规划之间有差异外，部分原因还在于医生对建筑空间有自己的使用习惯，无法适应按"国际一流"标准设计建造的医院空间，这是医生观念与方式的不同步所致。为此，北大国际医院的管理方向作者建议，以后应该让主持建造的建筑师出具新建筑使用说明书，告知大家该如何使用新建筑。

3.3 功能以外的设计诉求

由前文可知，医院在运营过程中，除了医疗功能外，还有诸多因素需要建筑师在设计中予以考虑。而这些医疗功能以外的需求如果没有在建筑设计中妥善解决，则会影响建筑中医疗功能部分的实际使用效果。比如医院方为了降低管理成本封闭了为不同就医人群使用的医院出入口等。

关于这一点，中国工程院院士孟建民先生说过，"我们每做一所医院，都与医院决策层和一线实操层面人员有一个紧密的互动阶段。这个互动阶段可以把他们最新的要求与合理要求反映到设计中去"。❶ 美国医疗建筑学者在《转型时代的医疗建筑》（Healthcare architecture in an era of radical transformation）一书中指出，建筑师在设计医院时，不能对医院组织文化一无所知。❷ 出于同样原因，英国国立医疗建筑研究所（Medical Architecture Research Unit，MARU）开设的"健康建筑规划设计硕士研究生课程"（MSc❸ Planning Buildings for Health）中，特别设置了《医疗服务业务流程》（Planning Process in Healthcare Business）等课程单元，向学习医疗建筑设计的学子重点介绍英国国民医疗服务体系（NHS）和私营医疗机构目前的规划系统运营原则和具体的业务流程。

除了本章第1节写到的本土就医习惯外，在医院建筑的空间设计中其实也有本土习俗。例如，现代医院中的医院街，在西方是贯通式的，一路畅通无阻，而在中国，则经常会在医院街临近建筑出入口的位置设置一堵高墙或半堵隔墙，起到类似照壁的作用，遮挡一下进出医院人群的视线（图5-9）。

这类出现在我国医院建筑中的、与医疗功能无关的空间设计，国人很容易理解，但对西方人而言就不同了。作者2018年12月陪同荷兰建筑学者瓦格纳（Cor. Wagenaar）教授参观香港大学深圳医院时，他仔细观察了一下设置在医院街靠近出入口处的一堵高墙，发现它什么功能都没有，就好奇地问我们为什么这里会有一堵墙，陪同者中有位参与了这家医院设计的建筑师，告诉他这堵墙只是用来遮挡刚进到这栋建筑中的人群视线时，他还不解地追问：这么漂亮的、花园一般的医院街，为什么不让刚进来的人看到？为什么就不能一眼望到底呢？

❶ 彭礼孝，黄锡璆，孟建民，丁建等. 医疗建筑设计沙龙[J]. 城市环境设计. 2011，Z3: 262.

❷ Stephen Verderber, David J Fine. Healthcare architecture in an era of radical transformation[M]. New Haven, CT: Yale University Press, 2000.

❸ MSc（Master of Science）即理学硕士。一些MSc要求申请者有工作经验，因为有工作经验的话会更有想法，在论文研究课题选择时才会更加主动。

图 5-9 香港大学深圳医院入口门厅摆放的该建筑的模型，模型左侧即为医院街中起到"影壁"作用的高墙

　　再如北京协和医院北区的门急诊楼、手术科室楼改扩建工程中也有类似的"影壁"。该建筑的设计方案由法国 AREP 公司设计，之后由中国中元国际工程公司完成方案深化设计、初步设计与施工图设计，医院建造实施时，在大的空间结构上基本保留了法国建筑师的设计方案。沿东西方向贯穿该建筑的医院街设计得非常好：医院街在人流量大的口部（即临近东西出入口的地方）分别扩展成了门诊大厅和住院部大厅的中庭。2019 年春天作者现场调研时观察到，这条医院街的东西两端，朝向门口，都加上了影壁似的半堵隔墙（图 5-10）。

　　医院建筑中类似的本土化空间设计需求还有很多，这类功能之外的本土设计需求，建筑师该如何对待呢？我们来看看英国人的做法：英国基于研究，把与医院相关的社会诉求，这些医疗功能以外、易被忽视却又对医院影响重大的设计诉求写进一系列设计评价标准。例如，在《医疗建筑环境评估手册》中，权重高的得分项有："为患者提供一处交往场所"，以及"便于患者亲属或朋友陪夜"等。

　　此外，英国人对公立医院的建筑设计还提出了更高的社会

关怀要求。《设计更卓越的医疗建筑》中提出，"好设计也应当能够激发当地社区活力，有助于提升政府公众形象，反映 NHS 的愿景与价值观"。❶ 作为公共建筑之一，医疗建筑同样肩负着改善社区环境的重任，也需要成为环境景观中的亮点，成为尊重环境并提升环境的"好邻居"，使社区居民自豪。总之，英国人的做法是，用设计满足那些经过确认的合理需求，值得国人借鉴。

图 5-10　上：北京协和医院（北区）。上：法国 AREP 公司设计的外观与"一眼能望到底"的医院街效果图；下：建成的医院；医院街的东、西出入口处均布置了花墙；下左为外地患者与花墙合影

❶ National Health Service Estates. Better by Design: Pursuit of Excellence in Healthcare Buildings[M]. London: Stationery Office Books，1994.

4 大而封闭的超级医院

从第 4 章我们了解到，西方医院建筑自 20 世纪 90 年代以来，进入了类型化医院建筑的新发展阶段，从封闭的医疗城向协作化、分散化和家居化等方向发展，呈多元发展态势。相对而言，我国总体上处于类型化医院建筑发展末期，近年来大型综合医疗中心（城）发展迅猛；越建越大的封闭医疗城，是当代医院给人留下的突出印象。这里所说的封闭与否，并非指医院建筑空间是否足够开放，是否与外部环境有交流，而是指医院建筑设计是否考虑了医学社会环境需求，是否在所处卫生保健服务体系其他机构协作下开展规划选址、开展功能组成拟定与空间布局等工作。

我国医院建设以当今世界少有的增长速度和扩张方式发展的态势，令人喜忧参半。一方面，医疗卫生基础设施条件得以改善，每千人口医疗卫生机构床位数持续增加，缓解了"看病难"问题；另一方面，20 世纪 60 ~ 80 年代西方大医院（Megahospital）建设被视为"工业时代医疗体系的错误建设"（详见第 2 章第 1 节 "西方医院建筑发展的三个阶段"），前车之鉴，声犹在耳。

4.1 史无前例的大规模

根据国家卫健委数据，2018 年年末全国 800 张及以上床位的大型医院有 1874 个；全国医院规模超过 4000 张病床的超过 10 家。再以举办了四届（2016 ~ 2019 年）的中国十佳医院建筑设计方案评选活动的获奖方案为例。这些获奖作品是从近 10 年来设计或建成的数千份具有鲜明特色和行业影

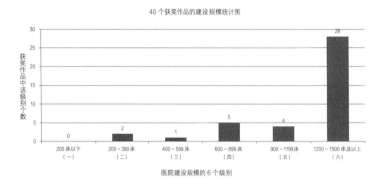

图 5-11　40 个获奖作品的建设规模统计
图 ❶

响力的参赛作品中评选出来的，具有一定的代表性。如图
5-11、图 5-12 和表 5-2 所示，40 家医院中，800 张及以上
床位的大型医院有 37 个，占 92.5%；1200 床及以上的有 28 个，
占 70%。

❶ 横轴参考了《综合医院建设标准》（2018
征求意见稿），将获奖作品的医院建设
规模（总床位数）分为 6 个级别进行
了统计，请注意，其中个别医院并非综
合医院。

2016～2019 年四届中国十佳医院建筑设计方案获奖项目（排名不分先后）　　表 5-2

		医院名称	建筑面积（万平方米）	床位（张）	建设地点
2019	1	四川大学华西天府医院	26.1	1200	四川省成都市科学城起步区
	2	南京市仙林中医医院	13.0	800	江苏省南京市仙林大学城
	3	合肥市第三人民医院（新区）	19.7	1600	安徽省合肥市包河区淝河镇
	4	淮南市山南新区综合医院	19.7	1200	安徽省淮南市山南新区
	5	望城区人民医院	13.4	800	湖南省长沙市望城区
	6	乌鲁木齐儿童医院（城北）	23.0	1200	新疆维吾尔自治区乌鲁木齐县安宁渠镇
	7	衢州中心医院	35.8	2000	浙江省衢州市高铁新城
	8	浙江鑫达医院	21.7	2099	浙江省湖州市太湖旅游度假区
	9	漳州泰禾医院	25.0	1000	福建省漳州市角美镇
	10	德州东部医疗中心	35.4	1990	山东省德州市高铁新区
2018	11	深圳市第二儿童医院	31.0	1500	深圳市龙华区
	12	深圳市新华医院	50.3	2500	深圳市龙华区
	13	深圳市大鹏新区人民医院	48.7	2000	深圳市大鹏新区
	14	福建省儿童医院	22.7	1000	福建省福州市晋安区
	15	三胞集团南京健康快乐小镇生物医疗综合体	30.0	2000	江苏省南京市雨花台区板桥原宏图高科产业用地
	16	海北中藏医康复中心	3.0	300	青海海北藏族自治州

续表

		医院名称	建筑面积（万平方米）	床位（张）	建设地点
2018	17	贵州茅台医院	22.0	1000	贵州省仁怀市
	18	广东新会妇幼保健院新院	6.5	500	广东省江门市江门市新会区
	19	广州皇家丽肿瘤医院	7.5	200	广东省广州市黄埔区中新知识城
	20	深圳大学附属医院	13.5	1300	深圳市南山区大学城片区
2017	21	珠海市妇女儿童医院	12.5	800	广东省珠海市香洲区南屏镇广生村
	22	湘雅二医院门急诊医技楼	9.9	（3500）	湖南省长沙市芙蓉区人民中路
	23	长沙颐合医院	36.8	2000	湖南省宁乡县
	24	义龙试验区人民医院	12.1	800	贵州省黔西南州义龙新区
	25	许昌市中心医院新院区	30.4	2000	河南省许昌市东城区
	26	青岛市平度中心医院	23.4	1500	山东省青岛市平度市城南
	27	苏州市独墅湖医院	16.0	1500	江苏省苏州市工业园区科教创新区
	28	深圳市中医院光明院区	51.5	3000	广东省深圳市光明新区
	29	深圳市南山区人民医院（改扩建）	59.3	3000	广东省深圳市南山区
	30	深圳市吉华医院	54.0	3000	广东省深圳市龙岗区
2016	31	温州市人民医院娄桥新院	31.0	2500	温州市瓯海中心区东侧
	32	香港大学深圳医院	36.7	2000	广东省深圳市
	33	南京市鼓楼医院	23.0	1500	江苏省南京市中山北路 53 号
	34	中国人民解放军总医院新门急诊楼	47.0	（3300）	北京市西四环与复兴路交口的东南侧
	35	襄阳医疗中心	45.8	3000	湖北省襄阳市东津新区
	36	四川大学华西第二医院锦江院区	21.0	1500	成都市锦江区东三环外成龙路南侧
	37	浙北医学中心	20.4	1500	浙江省湖州市北分区
	38	苏州科技城医院	18.2	800	江苏省苏州市科技城
	39	中抗国际脑科医院	20.0	1500	河北省石家庄市高新技术产业开发区
	40	北京协和医院门急诊楼及手术科室楼	22.5	900	北京市东城区

　　医院超大规模建设趋势反映在国家标准的修订中，我国最新综合医院建设标准中将医院建设规模由 10 年前的最高 1000 床提高到了 1500 床及以上。2008 年 10 月发布的《综合医院建设标准》（建标 110-2008）中规定，"综合医院的建设

规模，按病床数量可分为 200 床、300 床、400 床、500 床、600 床、700 床、800 床、900 床、1000 床九种"；2018 年 10 月发布的新标准征求意见稿，则规定综合医院建设规模"按病床数量分为 200 张床以下、200～399 床、400～599 床、600～899 床、900～1199 床、1200～1500 床及以上 6 个级别"。

此外，2008 版中明确指出了"不宜建设 1000 床以上的超大型医院"；2018 版中该句则没有再出现，仅在条文说明中指出了超大型医院的问题："综合医院规模过大，会产生患者

图 5-12　上左：深圳市吉华医院；上右：深圳市南山区人民医院改扩建工程；中左：深圳市新华医院；中右：许昌市中心医院新院区；下左：襄阳医疗中心；下右：浙江鑫达医院项目（资料来源：筑医台网站）

过于集中、工作人员过多、管理难度加大、医疗环境和服务质量下降、综合效率及效益偏低等诸多问题。因此，综合医院建设规模应综合考虑……等因素，……合理确定"。

医院建设的最大规模不断攀升。近年来媒体报道中冠以"最大单体医疗建筑"之类称号的医院如下：

2005 年 8 月，病床 900 余张、总建筑面积 9.6 万平方米的中南大学湘雅二医院外科大楼建成，媒体冠以"中国单体面积最大的医疗建筑"[❶]；2008 年 7 月，病床 1350 张、总建筑面积 11.8 万平方米解放军总医院外科大楼落成，报道称为"亚洲最大单体医疗建筑"[❷]；2009 年，病床 1800 张、总建筑面积 23 万平方米的南京鼓楼医院南扩工程封顶，媒体誉为"国内最大单体建筑医疗城"[❸]；2010 年 4 月，病床 2000 余张、总建筑面积 28 万平方米的湘雅医院新医疗区大楼落成，被称为"我国目前单体面积最大的医疗城"[❹]；2012 年 7 月，病床 2000 张、总建筑面积 32.25 万平方米的香港大学深圳医院（原名深圳市滨海医院）[❺]，被称为"目前中国一次性投资建设规模最大、标准最高的超大型综合医院"；同年 10 月，病床 3300 张、总建筑面积 35 万平方米的温州医学院附属第一医院新院区建成使用，夺走了"亚洲最大的单体医疗建筑"称号[❻]；2014 年 11 月，设置了 1800 张病床的北大国际医院落成，以 44 万平方米的总建筑面积、32 万平方米的医疗功能建筑面积被冠以"亚洲最大单体医疗建筑"之称[❼]；2018 年 5 月，设置病床 5037 张、总建筑面积 52.5 万平方米的西安国际医学中心结构封顶，报道称为"国内最大单体医疗建筑"[❽]……2016 年 9 月，拥有 7000 张病床的"全球最大医院"郑州大学第一附属医院[❾]，其位于郑东的新院区（新增床位 3000 张）落成，该医院总床位规模扩张到 1 万张[❿]。

❶ 李思之，吴日明．中国单体面积最大的医疗建筑在湖南正式启用 [EB/OL]．http://www.chinanews.com/news/2005/2005-08-03/26/607437.shtml. 2005-0803.

❷ 王继荣．亚洲最大单体医疗建筑——解放军总医院外科大楼落成开诊 [J]．中国医药指南．2008，7: 35.

❸ 刘宁春 等．国内最大单体建筑医疗城南京封顶 [J]．医药保健杂志．2009，20: 2.

❹ 冯志伟 等．我国单体面积最大的医疗城在湘雅医院正式启用 [EB/OL]．中国日报．http://www.chinadaily.com.cn/dfpd/2010-04/30/content_9796896.htm. 2010-04-30.

❺ 孟建民，侯军，王丽娟，甘雪森，吴莲花．香港大学深圳医院 [J]．城市建筑．2013，11: 91.

❻ 浙江在线健康网．温医一院新院：亚洲最大医疗单体建筑投入使用 [EB/OL]．http://health.zjol.com.cn/system/2012/10/07/018854767.shtml. 2012-10-07.

❼ 亚洲最大单体医疗建筑即将投入使用 [J]．中国医药导刊．2014，16，12: 1515.

❽ 江海莉，井婕等．国内最大单体医疗建筑封顶 [EB/OL]．三秦都市报．http://www.sohu.com/a/230873950_336604. 2018-05-08.

❾ 王勇．全球最大医院郑大一附院年营收超 75 亿 被戏言让河南人肝儿疼 [EB/OL]．http://www.ceweekly.cn/2015/0601/113463.shtml. 2015-06-01.

❿ 郑大一附院再次扩张，据说床位将达 10000 张？[EB/OL]．视觉中国．http://www.sohu.com/a/113171757_267160. 2016-09-01.

2016 年 12 月，约 2500 张病床、总建筑面积约 60.28 万平方米的中南大学湘雅五医院全面开工，媒体报道中没有再用"建筑面积最大"这类标签，而是冠以"JCI 在全球设计指导和标准化建设规模最大的综合性医院"这个更"国际范"的称号。❶

2009 年 4 月启动的新医改，其重要任务之一即完善以社区卫生服务为基础的新型城市医疗服务体系，而上述诸多公立医院的规模扩张，显然是与新型医疗服务体系的目标相向而行。❷ 面对持续攀升的大医院总床位与总建筑面积规模，早在 2004 年，卫生部和地方政府多次出台各种措施控制公立医院的无序扩张。国家卫生和计划生育委员会更是于 2014 年 6 月首次以"紧急通知"的文件形式，要求各地控制严控公立医院规模过快的扩张态势，同时暂停审批公立医院新增床位。

但是，从上文所述近年大医院的发展态势来看，实际上，公立医院的开放床位数量很难监督控制。❸ 例如，作者在设计江苏某医院时，这家从 700 张病床已经扩建至 1800 张病床的医院，院长仍要求我们设计团队在 45 张病床的护理单元病房走廊、日间活动室、医生值班室等处增设综合医疗槽❹（为病房每张病床配置的氧气、负压吸引和压缩空气的用气终端），以便未来在这些地方加床用。

公立医院以病人有需求为由继续扩张着。例如，作者 2019 年 5 月获邀担任项目建议书评审专家的一个项目，拟依托北京市一家规模为 1000 余张病床的大型公立医院，在远郊区县建设 1300 张病床的分院，项目建议书称，该分院建设"解决了医院长期以来住院难的困境"；分院的医疗用房加上科研配套、医养结合示范区建设等，总建筑面积 46 万平方米，投资高达 47 亿元，全部为中央预算内固定资产投资。

❶　中南大学湘雅五医院 [EB/OL]. 百度词条 . https://baike.baidu.com/item/ 中南大学湘雅五医院 /16370595. 2019–07–23.

❷　宋喜国，刘瑞林 . 论公立大医院规模扩张与建立新型医疗服务体系的冲突 [J]. 中国卫生经济 . 2013, 32（363）：30.

❸　魏铭言 . 国家卫计委：紧急通知严控公立医院过快扩张 [EB/OL]. 新京报网 . http://www.bjnews.com.cn/news/2014/06/17/321294.html. 2014–06–17.

❹　为病房每张病床配置的氧气、负压吸引和压缩空气的用气终端，一般设置在病床床头墙面上，医疗槽中心标高距地为 1.4 米。

因为缺乏有效的转诊制度，那么公立医院以病患多为由进行扩张则并非理性需求 ❶，要知道，这些病患的就医需求中有相当一部分是不需要用扩建公立医院来满足的。

4.2　催生大医院的因素

催生超级医院的因素有多重。从医学社会角度来讲，主要有以下四点：第一，毋庸置疑，是因为我国有医疗服务需求的人多、量大；第二，我国预防为主的方针政策没有很好地全面贯彻执行，目前医疗服务体系仍以治疗为主，分级诊疗机制不健全，初级医疗机构未能发挥"守门人"作用，同级医院之间也存在无序市场竞争，驱使公立医院在医疗市场争取更多份额；第三，医院自身有扩大再生产的经济驱动力；第四，医院规模与床位数量，是社会公众、行业群体评价公立医院实力的准则之一，驱使公立医院为彰显实力、塑造品牌而扩建。❷前两个原因在本章第 1 节解释过了，这里不赘述，只讲一下第三点。

我国公立医院扩建、增加总病床数量，是一种扩大再生产的表现。1989 年国务院提出公立医院"自行管理、自主经营、自主支配财务收支"等政策后，公立医院由计划经济时代的预算组织变成了自主组织，有了增加收入的动力 ❸；此外，我国财政对公立医院的投入与医院规模相关联，且总体上存在长期投入不足的情况，医院扩张床位规模可以有效提高收入，利于人才培养人才和学科培育等。综合医疗市场竞争等因素，规模扩张成了公立医院的必然选择。

从建筑设计角度而言，建筑设计行业的趋利性也支持了医院总建筑面积扩张而非压缩。建筑设计行业的逐利性一方面产生于建筑设计组织的企业化经营；"设计机构更多的是从

❶ 宋喜国，刘瑞林．论公立大医院规模扩张与建立新型医疗服务体系的冲突 [J]．中国卫生经济．2013，32（363）：31．

❷ 张涛罗昊宇张华玲．我国公立医院规模扩张现状分析及政策建议 [J]．中国医院建筑与装备．2018，03：99-100．

❸ 李林，王珊，刘丽华．影响我国医院床位规模的内外部因素分析 [J]．中国医院．2012，16（9）：8．

经济性角度看待医疗建筑设计"❶；另一方面产生于我国实行的按建设投资百分比收取设计费用的政策。我国建筑设计取费与建筑总造价挂钩，总建筑面积越大，建筑总造价就越高，医院建筑的设计取费自然就高。近年来，很多大型综合医院建筑设计取费高达近亿元。

一方面，从建筑策划阶段的总建筑面积需求测算到施工阶段的设计调整，咨询公司和建筑设计方都缺乏帮医院方精打细算控制总建筑面积、控制总投资的动力；另一方面，我国对低成本、高品质医院建筑设计的研究驱动力很弱，间接地支持了医院继续扩建。

此外，如果医院建筑设计不以是否满足建成后长时期内医院可能变化的需求为目标的话，那么，医院建筑空间组织的低效与滞后，会导致医院建成后持续扩张建设满足新需求。英国政府为了防止医院建设盲目扩张，于20世纪70~80年代委托英国国立医疗建筑研究所（MARU）开展了一系列"空间利用研究"（Space Utilization Studies），来调查医院实际使用情况，基于调查改善不实用的空间，结合医疗服务流程和管理的改进提高空间利用率并减少建筑规模的盲目扩张，从而达到提升医院服务能力，降低建设投资和运营费用的目的。❷

为遏制建筑设计行业的逐利化，英国和荷兰已采取有效措施，保证医疗卫生服务体系各级别机构建筑设施的设计水准持平，保证了基层、小规模公立医疗机构也拥有和高级别、大规模项目一样的建筑品质。英国现在实行按所耗费的工作日收取设计费的方式，把设计取费与医院建设总投资费用分离开。在荷兰，精神病诊疗机构和老年人养护机构等小型建筑设施与综合医院建筑设计同样受到建筑师青睐，甚至不乏

❶ 彭礼孝，黄锡璆，孟建民，丁建等. 医疗建筑设计沙龙 [J]. 城市环境设计. 2011, Z3: 260.

❷ 参见拙文：郝晓赛. 构筑建筑与社会需求的桥梁——英国现代医院建筑设计研究回顾（一）[J]. 世界建筑. 2012, 259（01）: 114-118.

先锋建筑师的佳作。

总之，"如果能够在预防方面、其他方面使我们的生命质量、健康指数得到提高，我们的医院就可以做得很简单"。❶在我国当前医改偏离了以预防为主的方向，当前医疗卫生资源十分有限的情况下，公立医院的扩张占据了更多的资源，"相应的，政府在其他医疗卫生领域所能够分配的资源就减少了。同时也强化了以治疗为主的导向，削弱了医疗预防。基层医院与社区卫生服务中心就很难得到发展，新型的以社区卫生服务为基础的医疗服务体系就难以得到完善与发展"。❷

4.3 大医院的建筑问题

我国当代主流医院设计实践以"移植"西方经验为发展基础❸，与医院建筑设施耗费的巨额资金投入相比，本土医院设计研究投入严重匮乏❹，已有研究质量与数量与发达国家相比存在差距，研究与设计实践存在脱节现象，鲜有类似英国或荷兰那类深刻影响设计实践的研究成果（详见第 4 章第 2 节和第 3 节）；因此，我国医院建筑一直非理性发展，为提高医院建筑质量，"尚有大量难题亟需解决"。❺

在缺乏本土系统性研究、建设需求紧迫情况下，那些动辄数十亿建设投资、数十万平方米的医院建筑设计任务，从前期策划直至施工图设计，又是怎么完成的呢？是否意味着，当前史无前例的超级医院建设，不仅给我国当代医院建筑设计出了道难题，也把我国医院建筑的非理性发展推向了巅峰？我们来看看主持设计大医院建筑设计的建筑师们的看法。

首先，大医院的建筑设计绝对不是中小型医院建筑的简单放大，医院建筑设计的门急诊、医技和住院部"三分式"传统布局方式失灵了。以总建筑面积达 55 万平方米、总规模

❶ 彭礼孝，黄锡璆，孟建民，丁建 等．医疗建筑设计沙龙 [J]．城市环境设计．2011，Z3: 264.

❷ 宋喜国，刘瑞林．论公立大医院规模扩张与建立新型医疗服务体系的冲突 [J]．中国卫生经济．2013，32（363）：30.

❸ 刘玉龙．中国近现代医疗建筑的演进 [D]．北京：清华大学，2006.

❹ 原文为："《城市建筑》'医疗建筑'专题约稿画中杨凌编辑提到：'在去年制作专题时，我强烈感受到目前国内医疗设施建设力度远远超过相关研究投入的现实问题，在研究滞后的背景下的设施建设在后续使用中可能会产生各种问题。'摘自《理性的呼唤——时代转型中的务实思考》，载于《城市建筑》，2009-07.

❺ 周颖．从量的扩大到质的提高 [J]．中国医院建筑与装备．2015，11: 14.

达 3000 床左右的解放军总医院东院区改扩建工程为例（图
5-13）。该项目的建筑师指出，"设计需要解决超大型综合性
医院复杂的功能流程、医疗装备、人流、物流、大量新技术
的应用和医院发展的弹性等技术难题，以及空前短暂的建设
周期的束缚。分中心模式是解决超大规模医疗中心的方法。"❶
为此，该项目设置了外科中心、内科中心和肿瘤中心三个分中
心，每个中心都是一个大型医院，医技部分则分散设置，以
方便患者就医；例如，肿瘤中心"集诊 - 查 - 治为一体"。❷

　　不过，也不是所有大医院建筑设计都可以做到分中心的，
毕竟分中心式医院需要在相应的分中心医疗服务组织等的支
持下才能成立，只把建筑设计做到分中心式是没用的。如图
5-12 所示襄阳医疗中心的设计仍采用了"三分式"传统建筑
布局。❸ 作者在担任 2018 年"达实杯"第三届中国十佳医院
建筑设计方案评选评委时也发现，候选方案仍以"三分式"为
主，采用"三分式"的有个 3300 床的超大规模医院建设；入
围的 22 个项目中，只有两个项目提及了分中心设计。

　　其次，我国公立医院的决策机制仍然显得盲目。"绝大部
分项目缺乏前期科学的论证与专业的咨询策划，没有切实可

❶ 辛春华. 解放军总医院东院区整体改扩
建工程 [J]. 城市建筑. 2010, 07: 62.

❷ 黄锡璆, 辛春华, 徐立军 等. 解放军
总医院动员改扩建工程 [J]. 建筑创作.
2005, 12: 115.

❸ 筑医台."十二五"全国十佳医院建筑
设计获奖方案 | 襄阳医疗中心. http://
news.zhuyitai.com//17/0105/d95282
90ae294ad089473812ef20d055.html.
2017-03-01.

图 5-13　解放军总医院东院区改扩建工
程鸟瞰图（资料来源：中国中元国际工程
公司，2005）

行的任务书就直接进入设计阶段，并把医院的美好愿景全部寄托在建筑师身上，建筑师在错误的题目上作答，设计盲目性很大，结果往往不如人意"❶。

例如，作者在担任 2018 年"达实杯"第三届中国十佳医院建筑设计方案评选评委时，介绍方案的候选人坦言，医院建筑设计没有任务书是行业内的普遍现象。而有的由医院方拍板决定的设计任务，超出了综合医院建筑设计规范要求：某大型儿童医院每护理单元病床为 55 床，某民营医院每护理单元病床则高达 60 床，这是由于政府控制诊疗费用，医院方为节省人力成本而提出的设计要求。❷

最后，由于国内外情况差异已如此巨大，中国当前大医院的建筑设计需要本土的解决方式，过去借鉴国际经验，或通过国际招标请国际建筑师设计医院的做法，已经难以解决本土需求和问题。

以深圳近年的医院建设为例，为弥补医疗资源的短缺，深圳市政府近年来启动了大量的医院建设项目，这些医院项目通常是 2000 床或更大的建设规模；而深圳可建设用地紧缺，这就导致了医院建设的高容积率，有些的容积率高达到 6～7，这种超高规模、超高密度和超高容积率的医院建设，"在全国乃至全世界都是罕见的。国际上很难找到借鉴的案例。为此，我们也在积极探索"。❸

20 世纪 90 年代西方医疗服务向社区转移后，医院床位大量削减，基于理论和严谨设计研究的、刚刚建成的千床规模的大医院成了工业时代医疗体系的错误（详见第 2 章第 1 节中'为人而建：医院的体系化建筑'）。30 年后，大医院在中国已经建得有西方的 3～4 倍大，且缺乏本土研究理论支持，以紧扣当前医疗服务要求、以整体性设计为主的中国大医院，在

❶ 邢立华，刘瑞平．美国医院健康设计理念系统初探 科学、自上而下的控制系统 [J]．建筑知识．2017，01: 61.

❷ 我国《综合医院建筑设计规范》GB 51039—2014 规定，每护理单元设置 40～50 张病床为宜。美国护理单元研究认为每护理单元 24～36 人为宜，且以每 12 人为一组设置了分护士站。

❸ 孟建民，韩艳红 等．精益规划——深圳医院建设与城市未来 [M]．南京：江苏凤凰科学技术出版社，2018.

未来时代转向后又会表现如何呢？美国 RTKL 建筑设计公司亚洲区域前副总裁王恺先生，曾不无担忧地说，"我们这么建下去，虽然提高了一个层次，但我们所花的所有投资有 50% 是被浪费掉的，我们这些医院过了五年、十年以后就会落后。"❶

5　各人群对医院的观点

综合、客观地评判医院建筑设计，需要了解各人群对医院的观点。首先，依据医学社会学理论，自下而上、基于民众观点的研究所提供的民众层面的洞察，有助于将一些为医疗保健业，或医院中不同利益群体之间互相视为"不正确"的知识，修正为一种社会现实需要的存在。

对病人而言，急需一家现代化医院就近解决急症痛苦；对医务人员而言，则需要能有效进行工作、随医学进展能有序更新的场所；而建设投资一方，则可能以刺激经济或者抑制通货膨胀等为主要建设目标，从而忽略甚至压制了其他群体的需求。❷

以台塑集团在中国大陆开设的第二家医院——北京的清华长庚医院为例。清华长庚医院与北京市其他公立三甲医院在建筑设计理念上有许多不同之处，其中最大的不同当属清华长庚医院以患者为中心建院，认为医生是来工作的，工作空间只包括诊间和病房，不需要办公室，休息更衣等活动都可以在诊间进行，会客也不需要占据医疗空间，因此大幅削减医护人员空间。

而建院初期，清华长庚医院的大量医务工作人员是从公立医院招募来的，大多数公立医院的医护办公空间和辅助用房设置与清华长庚医院的理念则完全不同。因此，部分医护

❶ 彭礼孝, 黄锡璆, 孟建民, 丁建 等. 医疗建筑设计沙龙 [J]. 城市环境设计. 2011, Z3: 265.

❷ James W P, Tattonbrown W. Hospital design and development[M], London: Architectural Press Ltd, 1986.

人员对清华长庚的工作环境不满，医院管理方不得不在院区的 3 号宿舍楼加建了办公室，在附近租了公租房，满足医护人员的生活用房需求。

此外，立场不同的人群可以为医院建筑设计研究提供新鲜信息，为医院建筑问题的解决提供创新性的解决思路。出版于 1955 年的英国经典医院研究学术著作《医院功能与设计研究》指出，有两个渠道可以用来了解医院存在的问题：其一是通过那些每天在医院中工作，或从事医院设计者累积的知识或经验中了解；其二即是从外界那些有着新鲜观点和不同视角的人们中了解，因为整天与医院打交道的人可能对医院中存在的问题过于麻木而熟视无睹。❶

医院建筑设计需要提倡"全方面关怀"的设计理念。正如中国工程院院士孟建民先生所说，医院建筑中有很多不同群里，患者是主要群体，医务工作者是重要群体，还包括很多管理、后勤、见习探视等多种人群，而医院建筑设计"要对每一类人群都给予充分的考虑"。❷

因此，作者以国家相关统计数据为基础，通过医院现场观察、问卷与访谈、网络问卷等方法，对医院建筑相关各人群进行调研，力图更为立体地记录当代医院建筑的各方社会需求和观点。

对医院建筑相关各人群的分类，参考了医学社会学对医院功能批判与分析的六种视角，分别为：1）医务人员的工作场所；2）服务病人的主要场所；3）现代社会的重要产业；4）特殊的"大型组织"；5）复杂的"开放体系"；6）国家介入的医疗领域。后三者集中在主管视角中进行评述。因此，本节下文的各人群视角分为"民众视角"、"医院工作者视角"和"主管视角"三种。

❶ Nuffield Provincial Hospitals Trust, Studies in the functions and design of hospitals, Oxford University Press, 1955: introduction.

❷ 彭礼孝，黄锡璆，孟建民，丁建 等. 医疗建筑设计沙龙 [J]. 城市环境设计. 2011，Z3: 262.

5.1 民众视角：医疗服务的场所

为了解民众对医院建筑的看法，作者先后开展了网络问卷调研（2012 年 6 月 ~ 2012 年 9 月）（2016 年 5 月）、医院现场问卷调研和观察法调研（2016 年 5 月 ~ 2019 年 4 月）等。其中《医院建筑现存问题观点 – 网络初步调研问卷》共有 529 位受访者，以了解当前民众最在意的医院建筑问题为目的，在此基础上又编制了详细问卷《医院建筑观点调研问卷》进行第二次调研，总样本数为 135 份，有效样本为 120 份，了解民众对医院建筑现状的观点。

总体上，民众普遍认同医院建筑现有的大部分优点，对小部分问题持相反看法；普遍认同医院建筑现存的少量缺点。当前建筑师能够进行设计决策的核心内容，约占本研究提出的医院全部建筑物质要素及相关联医学社会要素的 1/8，医院建筑中该部分表现获得民众普遍赞同，设计决策核心外的建筑要素则存在争议，或普遍认为存在问题。

民众普遍认同的优点有：医疗布点合理、停车场设置及与入口的关系顺畅、建筑入口设计及建筑外观形象与用途关联明确、无障碍设计完备、自然光线充足、建筑安全措施（如地面材料防滑、无尖硬转角防磕碰等）考虑周全。对医院内部交通是否便利、室内外是否有休息空间、等候区域景观是否优美、室内空气是否新鲜、是否应该追求更高品质的建筑就医环境存在基本持平的相反看法。此外，普遍认为医院存在给周围街区带来的交通堵塞、噪声等环境问题。

与民众最关注的医院医疗质量和"看病难看病贵"等医疗资源问题比较，医院建筑是否"漂亮"、"现代化"和"科技化"变得不重要了。多数人明确反对建筑华而不实，希望医院建筑不要太奢华，实用、干净、环境绿色就好。90% 认同 "医院建筑环境实用、细节上照顾人的需求，让病人觉得舒适，并不等于空间和建筑材料上的奢侈"（50.83% 选 "同意"，39.17% 选 "很同意"）。

对目前城市医院建筑普遍趋向 "宾馆化" 现象，54.17% 的人同意降低医院运营成本的低标准医院建设（37.5% "同意"，16.67% "很同意"）。❶ 赞同者认为："我们国家还有很多普通老百姓难以承担昂贵的医疗费用，所以建设低标准医院很有必要"，以及 "一般的民工及低收入人群不在意医院的建筑设施是否好或是昂贵，（在意的是）能（否）提供通风照明良好，不用很好的外在条件。如果医生不够，设备不够，光有医院的建筑面积没啥用"。

同时，26.66% 的人对此明确反对。有反对者担忧平民医院设置会连带降低医疗质量，表示 "可以设置不同收费医院，如农民小病可以免费，但是前提是要保证医生的质量问题"、"低标准低收费医院不等于低水平医院"，以及 "为什么要建低标准的医院呢，不能多建点社区医院吗"，还有人甚至认为 "应提高目前的医院建设标准，现行标准较低，属于仅满足最低医疗需求阶段。更人性化的服务需要调高建设标准（面积指标）来实现"。

在以收集医院建筑现存问题为目的的网络初步调研中，按中部、西部、东部和东北四个区域划分 ❷，将受访者答卷进行分类分析的结果显示，各区域医院建筑问题排序一致，只是不同地区选项比率有差异；此外，大陆地区和港澳台地区呈现不同声音。面对同样问卷，大陆民众几乎都表达了对医院不同程度的不满；而一位（20%）香港受访者表示对目前医院建筑很满意，香港医院并不存在问卷所给选项中的问题 ❸；三

❶ 全题为："请选择您对建低标准医院的看法：低标准医院是为了给低收入民众提供相对低廉的平民医疗服务，提供他们必需的保障型基本医疗服务，由政府投资建造建设投资和运营费用都相对低廉的低标准医院建筑（类似廉租房的概念），以降低医疗服务成本。如，这些医院的病房是多人间且不设独立卫生间，建筑装修在保证安全清洁的情况下以简单实用为主，在病人允许情况下，以自然通风采光为主等降低能耗；您赞同吗？"

❷ 根据 2011 年经济四区域划分，东部包括 "北京、天津、河北、上海、江苏、浙江、福建、山东、广东和海南"，中部包括 "山西、安徽、江西、河南、湖北和湖南"，西部包括 "内蒙古、广西、重庆、四川、贵州、云南、西藏、陕西、甘肃、青海、宁夏和新疆"，东北包括 "辽宁、吉林和黑龙江"。

❸ 原答复为："不好意思给示到意见呀……我住在香港呀，香港医院比内地还好 100% 呀，所以没意见给你，做不到你的调查"（2012 年 4 月）。

位（50%）台湾受访者关注医院建筑环境问题。

下面按调研中医院建筑存在问题的排序，分类介绍民众的主要观点。

（1）陌生空间中的复杂流程

在初步调研中，有30%、220人次选了就医流程复杂这项，排在最在意的医院建筑问题首位，并有50%的受访者认为医院建筑急待改善之处是"就医流程"。

目前一些医院越建越大，患者及家属需要在医院内来回、上下奔波数次才能完成整个流程，对此，在"医院建筑观点调查问卷"中回收的120份有效问卷中，81.67%的受访者认为这种状况对患者而言是不人性的（图5-14）。

关于流程问题，在被访问者补充说明的就医感受中，主要有以下三类：1）大医院、老医院普遍被认为就医流程复杂、路线长；有医生反映老年人在大医院中不容易找到目的地；有受访者甚至建议"最好把医院规划成放射形的形状，把医生、化验等放在中心位置。遇到什么情况都能以最快的速度到达"；2）一些轻微症状如感冒患者，以及在小医院就诊的患者也同样反映就医流程复杂、路径难找；3）还有受访者表示，在一些建规模不大的医院中，因为医院手续太复杂而使患者就医行程变长、难以忍受。

选项	小计	比例	
很不同意	0		0%
不同意	10		8.33%
一般	12		10%
同意	50		41.67%
很同意	48		40%
本题有效填写人次	120		

图5-14　对是否同意"品牌好的医院越建越大，患者要想完成整个就医流程，需要在医院里面来回、上下奔波，对于一个病人来说，这太不人性了"这一观点的回复

在访谈中，重庆大学的龙灏教授也谈到了这一问题："重庆一些医院既有新建筑也有保留的老房子，二者往往混合使用（为便于医院管理，新旧建筑组合使用），患者实际就诊路程非常长、难以承受：有次陪同药物过敏送院急救的学生体验了全过程：从急诊做完检查、确认要住院，到新住院部办理手续，再到旧住院部收治住院，加起来走了几公里路"。

作者在 2016 年 5 月份进行的小调研中，最后一题"参照以下词语，请选择三个词（也可以不用下面的词）描述您心目中好的医院设计"的回复中，"功能高效"仍是大多数人的选择（图 5-15）。一名建筑学教授甚至回复道："方便、方便、方便"，并补充："病人去看病，只在乎是否方便，其他都顾不上了。"

（2）建筑问题非首要的医院问题

在网络初步调研中，有 20%、149 人次选择"与能看好病比起来，医院建筑问题不重要"选项，排在医院建筑问题

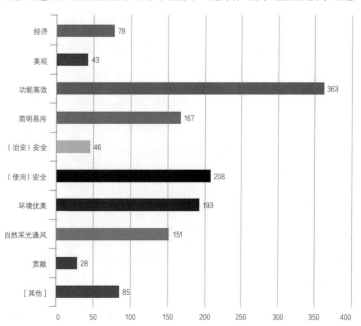

图 5-15

第二位。作为医疗服务场所，在医院中能得到质量有保证的、经济上能承受的诊断与医治，对民众而言是最重要的。一位湖南长沙受访者认为："对于老百姓来说，真正重要的，其实还是在自己经济承受能力范围之内把病治好，要求再高一点的话，就是希望医患和谐、有尊严"。

医院建筑的这种不重要性在实际中的表现，可以以医疗服务提供场所的拥挤与否为例。在医院建筑观点调研中，对"因为复杂病症，您选择哪种医院"（多选题），**78.33%** 选了"为了治疗效果，医院看病的人多也要去"，仅有 **10%** 选了"看病的人少的医院，看病过程不拥挤"。

医院建筑非首要医院问题，那么最在意的问题是什么呢？对初步调研中开放性问题"其他最在意的医院问题"，受访者回馈意见，86% 集中在"看病难看病贵"（52%）、"医护态度与医德"（34%）两个方面。

（3）医院建筑的环境与交通

在网络初步调研中，认为建筑环境（15%、109 人次）和交通（11%、83 人次）存在问题的人次相近，排在第四和第五位。

除了一些与康复环境设计理念吻合的建筑表现，如针对特定场所自然环境的设计、考虑灯光质量、视野、关注材料和饰面的触觉和感觉特性，以及对环境的人性感觉需要等，广为民众称赞外，受访者反映的环境问题主要有以下四方面：1）设备环境硬件条件差。2）人多带来的环境拥挤不堪、杂乱、气味难闻；如果建筑和设施硬件条件好，人多带来的拥挤感也让人感觉环境差。❶ 有研究表明，拥挤是环境与健康的中介变量，是影响身心健康的。❷ 关于医院环境拥挤问题，有受访者（山西 /23 岁 / 男）表示"医院人太多，楼层还高"，"建议给医院多安装一些电梯"。3）不够卫生清洁，尤其是卫生间部分；

❶ 受访者为一位北京、31 岁男士，原文为："我去的几个大医院环境都还不错，就是人多，感觉环境差"（2012 年 4 月）。

❷ 邓云龙，李进平，罗学荣，贲晓宏，杨伯勋，姜冬九，李亿书．住院病人拥挤与病室建设环境关系研究 [J]．中国行为医学科学．1994，3（4）：179-181.

4）缺乏病人活动空间，如楼下没有安静的场所可以呼吸新鲜空气。

这里的交通指医院周边及医院院区内交通组织和停车问题。由于小汽车的快速普及，城市医院停车位紧缺、院内交通杂乱问题突出，这不仅严重影响了医院院区室外环境，还给患者就医带来了不便。中心城区、高级别医院交通问题非常突出，基层医院稍好些，但也存在停车杂乱景象。例如，在现场调研 2003 年完成改扩建的北京海淀医院时，作者停车过程中，共有 5 个工作人员在院区专职为来访者疏导停车。

为保证医院院区内部交通秩序，一些受访者反映很多医院不允许社会车辆进入院区，给病人带来了极大不便，特别是行动不便、需要就近下车的患者。

5.2 医院工作者视角：工作场所

对医院工作人员的建筑需求了解，主要来自作者参与的 20 余项医院建筑设计实践工作及多项医院可行性研究报告评估工作中与医务人员群体的交流，辅以对医院工作者的深入访谈。对于该群体而言，一方面，问题主要集中在与建筑设计师的跨专业沟通上；另一方面，一些与医务人员同样重要的后勤工作者尚未能参与建筑设计沟通。后者是在设计沟通环节缺乏专业组织的环境下，医院人事组织中权力等级的表现。

（1）需要专业介入的设计沟通

医院工作人员在使用医院建筑过程中积累了丰富的经验，对医院改扩建项目而言，他们对建筑的使用需求是设计任务书的重要组成部分。不过，目前依赖医院工作人员提供建筑功能要求的地方，需要专业"翻译"人士，将工作人员的使用需求转译为任务书中设计所需的量化数据，如建筑面积、窗口多少、家具位置、设备用电量等，否则可能因需求缺项导致建成后使用不便。国际上已存在从事这类"翻译"工作的专业人员，即医疗规划师。

英国 1955 年大型医院建筑功能与设计研究中，护士是医务人员参与设计的重要代表之一。❶ 在英国卫生部医院建筑分部 ❷ 成立后，护士与建筑师的工作关系得以正式建立并成为医院建筑设计工作传统，在此基础上，逐渐发展出医疗规划师这一职业。目前英国从事医疗规划行业的很大一部分人士具有护士专业背景，通过接受医院建设专业培训而成为职业医疗规划师。

在美国，医疗规划师的专业化发展源自二战后医院建设大发展期间（1955 ~ 1965 年）。该时期因前期工作缺乏，一些医院完工后局部返工拆改致使工期延长、资金浪费等不良后果，小到漏设水盆或处置室，大到流程有问题等，拆改动辄耗费几十万元、上百万元的资金投入，基于这类教训慢慢分离出医疗规划师专业，以业主建设咨询顾问的方式参与医院建设。咨询顾问团队主要由熟知医疗流程、有医生或护士工作背景人士构成。目前国内医院咨询顾问业务的客户群中，以基建项目多的大型综合医院居多：主管过基建项目的医院院长，因之前项目缺乏经验带来的不良后果而决心雇佣专业咨询团队（即使法定流程并无规定这一做法）。

我国教育机构目前尚无此类专业，在医院设计程序中医疗规划师的工作内容尚未能获得合法位置。在专业医疗规划咨询机构缺失情况下，我国大量医院建设由医院工作人员负责向设计师提供设计需求。这样一来，"编制设计任务书内容

❶ Susan Francis, Rosemary Glanville, Ann Noble, Peter Scher. 50 years of ideas in health care buildings [M]. London: The Nuffield Trust, 1999.

❷ the Hospital Buildings Division at the Ministry of Health, HBD。

遗漏，功能要求不完整，建设过程中不断提出补充修改要求，甚至施工中、后期还要作较大设计变更，造成投资增加、工期延长。为此，院长感到烦恼，设计师也无奈。" ❶

一方面，设计师难以理解（或精确把握）医疗服务对建筑的一些特殊需求，存在着设计师忽略掉医务人员提出的重要需求，而重视不重要需求的现象；另一方面，医务人员难以毫无遗漏地、准确地把医疗服务的建筑需求传达给设计师，他们很难掌握设计师熟知的专业术语，如电容量、通风换气次数等。

在北京回龙观医院初步设计图纸评审会上，作者发现前期阶段工作的缺失是该阶段建筑设计中部分问题的根源。如图纸中急诊部建筑平面效率问题、影像科的就诊流程问题、检验科的建筑设计问题等，初步设计以项目可行性研究（简称可研）成果为依据进行深入设计，而可研深度和专业性显然还达不到的话，用可研成果控制的初设和施工图，问题自然会多。加上工期压力、外部规划条件的限制等，医院投资的社会效益与使用效益就会打折扣越多。

如果设计师和医务人员之间沟通不好，也很容易造成医院建成后不满意，拆改新建建筑的后果。例如，在北京地坛医院朝阳区新医院建设中，有的科室负责人对用电需求没有概念，笼统地说和原来差不多就行，虽然设计时留有余量，但投入使用后不久，因为新设备较多，用电超出了设计负荷，不得不进行电力改造。而医院一些有建设经验、对建筑领域了解多的科室主任，其负责的部门建完后拆改少、比较符合业务需求。❷

在医院建筑实践过程中，有多方人士认识到了这一点。如海南省肿瘤医院院长王铁林在访谈中谈到，"我建议通过

❶ 诸葛立荣. 上海医院建设管理现状（R）. 上海：中华医院管理学会、中国建筑学会 2005 上海医院建筑设计年会暨展示会，2005-08.
❷ 摘自作者 2012 年 4 月 17 日访问辛衍涛副院长（首都医科大学附属北京地坛医院副院长）的记录，文字已经辛院长阅读确认。

聘请医院建设专业咨询机构，担当院方的建设顾问（可与设计捆绑或作为法定建设环节提供有偿服务），主要是负责为医院提供医院建设的专业咨询，并负责收集医院医疗业务需求，拟订任务书，向建筑师提供医院工艺流程要求等"。他认为："医院建设专业咨询团队作为医院方顾问，能保证设计前期拟订的医疗需求达到一定质量和深度水准，以此为先导避免医院建设的许多后续问题。如医院方现在凭经验确定业务量的扩张程度，需要几台 X 光机，挂号处设置多少窗口等"。❶

（2）人事权力等级与设计参与

除了存在跨专业沟通障碍外，参与医院建筑设计沟通的医院工作人员代表的"广度和深度"也不够。一般来说，医院基建、总务部门掌握更多的建筑知识、对建筑了解更多，但建筑的医疗功能主要由业务科室（医务工作）人员来提要求，且与设计师沟通交流的一般只到科室主任这一层。

英国 1975 年专门对医院规划团队成员组成及规划的组织机制进行了研究 ❷。研究表明除医生和护士这些主要建筑使用人群外，影像科的技师、设备维护工作人员和清洁人员，其经验与使用诉求的收集与沟通，在设计前期对于医院建筑而言与医疗功能区域同样重要：合理的保障区布局有助于提升医院整体运行效率，节省建设投资及运营费用。因此，组建医院建筑设计团队时，业主方除了医务工作人员（医生和护士）、管理者和投资者，还需纳入建筑维护和清洁的职工（图 5-16）。

如果是医院管理者主导设计沟通，内容也多围绕医院管理展开。例如北京协和医院北区综合楼病房标准层方案设计时，医院院长特意要求在病区入口处设置更衣室，理由是院

❶ 摘自作者 2012 年 4 月 14 日访问王铁林院长的记录，文字已经王院长阅读确认。

❷ MARU. The Planning Team & Planning Organization Machinery[R]. London: MARU, 1975.

图 5-16　英国医院建筑设计多专业、多团队协同工作框架（MARU，1975 年）

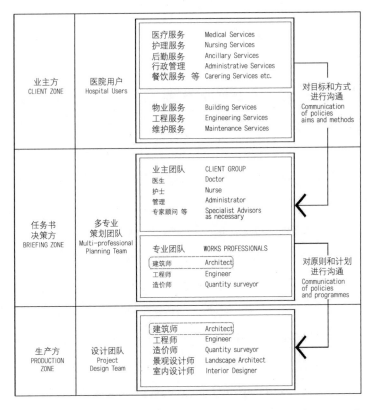

方并不希望病患和亲属看到医护人员未更衣前的形象；再如某东北中医医院院长要求病房楼方案根据参观考察医院的上级领导行经路线安排 VIP 入口、病房楼大堂和 VIP 电梯等空间要素及其组织关系。

北京建筑大学的格伦教授在访谈中也指出，"设计师与医院方的沟通存在漏洞。在后评估课题调研时，发现很多使用问题，有些属于低级错误，我们就问医务人员当初为什么不把实际的使用需求告诉设计人员？这样能避免使用上的不便；医务人员说，没有人来征求他们的意见，建好后让他们直接来用。从中可知，设计师在设计阶段收集使用需求时得到的信息并不全面"。

5.3　主管视角：福利或经营设施

医院管理群体的观点，是通过与七位参与医院建设管理的医院或政府领导进行深入访谈❶，并结合近年工程实践中与多位医院院长或主管领导的交流总结而成。总体上，医院管理群体从医院的社会角色出发，对医院建筑问题有着较为一致的认识，那就是医院建筑的福利设施特性需要公共资金投入，而目前存在的经营性扩张建设问题，则急需政府有效监督与约束。

（1）需要支持的福利性

医院福利性需要政府的公共资金投入作为保障，经济欠发达地区更是如此，否则，不仅医院医疗服务福利性难以保障，甚至会引发不规范医疗行为。卫生部明确指出今年来这类问题及其根源所在："医疗卫生行业中的一些不规范行为，如诱导需求、过度服务、大处方、不必要的检查是因为政府补偿不够、而给予医疗卫生机构以市场筹资补偿为主的政策、医院内部与创收挂钩的分配机制及医疗卫生服务市场的供需双方信息不对称造成的"❷。

我国公立医院建设资金主要来自政府投入和医院自筹，二者比例各地区不同；而无论政府投入多少，均要求医院按相应国家标准提供医疗服务，因此医院建设的费用差额也常常由医院从医疗收入中补上。例如，北京市公立医院建设资金一律来自政府，拨款方式很规范，遵循"发改委—卫生局—市属医院"的路线。目前唯一一家通过"贴息贷款"进行基本建设的北京市属医院是北京安定医院。这是因为，当年卫生部门并无该医院建设规划，但医院因拆迁不想失去相邻地块，若无建设项目则无法拿地，因此医院贷款 4000 万元人民币拿地进行建设，现每年医院需还款约 400 万元人民币。❸

❶ 包括：四位医院院长，其中一位未确认访谈文字记录，一位不愿透露姓名和医院名称；一位医院基建处主任；另两位政府卫生部门管理者，他们分别在北京和香港工作。

❷ 卫生部统计信息中心，2008 年中国卫生服务调查研究：第四次家庭健康咨询调查分析报告 [R]. 北京：卫生部统计信息中心，2009：151.

❸ 北京市公立医院投资的这段情况，由杨炳生先生在 2012 年 4 月的访谈中提供。杨炳生先生为原北京市卫生局发展计划处处长，北京市医院建筑协会副会长。

在经济欠发达地区,医院建设的公共投入状况尚在改善中,在政府投入较少的建设项目中,医院建设资金与运营维护费用、人力成本等一起,加重了医院的经营负担。某边疆地区三甲专科医院,2004 年建设 1.8 万平方米的新医疗楼时,总建设资金为 9797 万元(最终审计费用),政府投入 200 万且分 4 年给;较之以往的低投入比例,2011 年该院新院区建设,共需投入约 4 亿元,其中政府拟投入 1.5 亿元,旧医院资产(土地与房产)置换可得 2.4 亿元。与医院所在城市其他三家得到政府建设审批并投资的公立医院一起,这还是近年来投入最大的一次。

医院建设同样需要政府主导下进行的卫生事业发展规划的技术支持。某边疆医院院长在主持新院区建设时发现,根据区域人口规模和卫生需求制订的区域卫生事业发展规划缺乏可操作性细节内容,以此为依据的医院用地位置、医疗发展定位和功能构成、设备配置等相关建设内容难以确定。因此,仅有大方向的区域卫生发展的具体发展定位与事务落到医院领导层身上。另外,医院发展的人才储备工作也靠医院独立完成,上述具体事务和决策风险均由医院承担,设备所需资金、人才培训资金等也都是缺口。

医院发展还需要政府在建设程序上提供"自上而下"的推动力。医院对实际运营中的问题了解最透彻,能看到政府未能关注到的实际问题,但医院是处级单位,主导建设全过程力量小、困难大。例如某边疆医院目前在新院区建设时,就处于医院"自下而上"推动相关政府部门完成建设程序,而又难以主导的困境。

当然,在为公立医院建设提供公共资金支持的同时,政府仍需制定约束政策,以避免资金浪费。在作者参与的多项医院建设可行性研究评估会中，存在着多家医院依据现有标准尽可能做大规模、做高资金缺口，等政府"砍价"的现象。同样，因缺乏约束机制，荷兰 2006 年医改前，由政府投资的医院建设就普遍标准偏高，存在政府资金"不花白不花"观念和尽量争取多要面积的现象。

（2）需要约束的经营性

医改向医院放权的同时，未能同时建立起配套的监督、筹资体制。在医院建设领域，随着医疗服务机构广泛经营化发展，无论是政府对公立医院建设的投资和管理方式，还是现有法人治理结构，均未形成追求医院社会效益的有效运营机制，难以约束医院方主动控制建设的经济性，追求建设效益最大化。❶

政府投资医院建设给医院用，建筑功能比例、如何用等具体事宜主要由医院决定，而负责建设的医院主管领导由政府委派，对其主导下的医院建设品质、后续使用效果则缺乏监督与约束力量。例如，福建某医院交给建筑师设计团队的图纸修改文件"门诊设计方案修改意见"中，文件题目下注明了该修改意见已经于"2010 年 7 月考察部分医院并汇总报告院长同意"。其中第一条即为："突出大堂。扩大大堂面积，局部挑高 3 层，连同扩大后的中庭，形成宽敞、通透的大堂公共空间，成为整个建筑的内部核心和亮点"。为了顺利签下设计合同或为了项目顺利进行，建筑师往往会全盘接受院长首肯的修改意见进行方案修改。

再如，医院可通过提高医疗服务效率和管理水平减少手术室间数，但在没有约束力（不考虑成本回收、运营成本等）的情况下，医院会以尽量多的手术室间数来争取尽量多的建设资金，扩大建设规模，而缺乏改进医疗服务和管理效率的动力。

❶ 这段观点，由王铁林先生于 2012 年 4 月访谈时提供。王铁林先生曾任牡丹江心血管医院副院长、天津泰达医院院长、海南省肿瘤医院院长等，作为主管基建的医院管理者主持建设了多家医院：黑龙江省牡丹江市两家医院（包括牡丹江心血管病医院）、天津市两家医院（天津泰达心血管医院和泰达综合医院）、广东省珠海一家医院（珠海中山大学第五医院）和海南省肿瘤医院等。

从宏观上讲，医院建设约束力的机制缺失是我国医院建筑非理性发展的根源。作为约束医院建设有力工具的医院建筑评估和医院建筑设计质量评价，已被多国医院建筑实践证明是推动现代医院建筑理性化发展的必要基础，而这两类评估，尤其是医院建筑评估，在我国大量建设资金投入的医院建设中从未正式开展过。

缺乏约束的医院规划设计会给医院带来诸如日常运营管理困难、增加人力成本等负面影响。如湖南某医院的新建高层综合体，院长称管理层不得不将大部分精力花在防火防盗上，每年有数百万元的安防投入。因医院管理者担心建筑物存有消防隐患而加强消防演练，消防疏散要求建筑物许多出入口不能上锁，医院为此请了 300 多人的保安公司不停地巡逻等。❶ 而在许多医院中，因消防疏散设置的开口需要雇请保安人员防守，算是普遍现象。

从微观层面，理性约束机制的缺失与引入医疗服务领域的市场逻辑叠加，使参与建筑设计的医院工作人员群体依据各自经济贡献的多寡拥有不同话语权。例如，作者在设计实践中与医院使用方就建筑方案进行沟通时，医院管理方在最终确定各功能科室面积规模、划定其建筑平面区域的"分房子"阶段，拥有大量大型医疗设备、经营收入占医院总收入重要组成部分的影像科主任，比其他科室，如中医、儿科等更有话语权。

❶ 摘自作者记录、某百年历史大型综合三甲医院院长于 2012 年 5 月 10 在湖北武汉召开的"中国医院建筑百年的思索和探讨"院长高峰论坛中的演讲记录。

第 6 章

用医学社会学诊治医院建筑

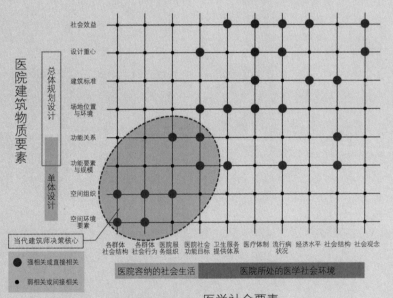

医院建筑物质要素

总体规划设计

单体设计

- 社会效益
- 设计重心
- 建筑标准
- 场地位置与环境
- 功能关系
- 功能要素与规模
- 空间组织
- 空间环境要素

当代建筑师决策核心

- ● 强相关或直接相关
- · 弱相关或间接相关

各群体社会结构　各群体社会行为　医院服务组织　医院社会功能目标　卫生服务提供体系　医疗体制　流行病状况　经济水平　社会结构　社会观念

医院容纳的社会生活　　医院所处的医学社会环境

医学社会要素

前页插图:
图 6-1 医院建筑物质要素与医学社会要素的关联框架图示

1 医院建筑与医学社会要素关联框架

通过前文可知，不只是医学需求影响着医院建筑的物质形态，医学社会环境对医院建筑物质形态的生成也有着重要的影响。根据前述分析，医院建筑与医学社会环境之间的关联如图 6-1 所示。当然，随着对"医院建筑—医学社会"关系的深入认知，还可以深化调整该图。

图 6-1 中医学社会要素所在的横轴、建筑物质形态要素所在的纵轴按照从微观到宏观的层级关系排列，各轴的不同层级要素间尚存在互动关联。矩阵交叉处圆点较大者，是强相关或直接关联；圆点较小者是弱相关或间接相关。若某医院物质形态要素与某医学社会要素强相关，则表明了该要素是相关医院建筑问题的主要社会根源，也是综合评析医院建筑问题需要纳入考虑的社会要素；同时也表明了该社会要素是推动相关医院建筑设计研究发展的社会驱动力。

除此之外，这张矩阵图还可以用来解释当前医院建筑设计中的其他问题。例如，如果把我国当前从事医院建筑设计实践的建筑师所能掌控的设计决策内容圈出，则在图 6-1 中居于一隅，即图左下角椭圆中的内容。本书第 1 章中提到的建筑师技术无力感的根源正是由于建筑师掌控的设计决策内容有限。这就解释了为什么看上去是医院业主和建筑师们在规划设计医院，实际上"是发改委在做"。❶

若想覆盖到图 6-1 中医院建筑与医学社会要素全部关联点，建筑师需要参与或主导前期策划和后期评估等工作。在相关社会观念不普及、医疗卫生领域制度性驱动力不足情况下，这些工作难以由专业技术人员主导开展。

❶ 彭礼孝，黄锡璆，孟建民，丁建等. 医疗建筑设计沙龙 [J]. 城市环境设计. 2011, Z3: 264.

从本书第 4 章对当代西方医院建筑发展的社会驱动因素分析中，我们了解到，很多好的建筑设计理念不是仅凭借建筑师的一纸设计就可以实现的。如强调建筑康复环境的治愈力、围绕病人流程进行人本设计、注重建筑社会效益的舒适经济型设计、注重可持续发展的绿色医院建筑设计、注重理性设计依据的循证式设计等。优秀建筑设计理念的实施，医院建筑的发展，离不开全社会观念的进步，离不开各部门与各组织机构的通力协作，离不开医疗体系对服务组织方式的改进，离不开医院运营团队对建筑的通力维护与管理。

在本书第 2 ~ 5 章中，通过纵（不同时代之间）、横（当代各国之间）双向不同社会环境中医院建筑特点的阐述与分析，我们可知，不同社会环境中医院建筑的设计观念存在巨大差异。与医院建筑特色形成相关的医学社会因素主要有四个：社会分层与医疗不均等、医疗体制、医院社会功能定位和医院服务组织方式。下面来看看这些医学社会因素与医院建筑特点的具体关联。

2 社会结构与医疗不均等的建筑表现

社会分层指"不同人群之间的结构性不平等"[1]，其中"结构"指社会结构。社会不同群体对医院服务的需求差异巨大，"医疗根据不同层次的需求也应该有不同的体系"[2]，由此，作为承载不同医疗服务需求的物质空间，医院建筑中存在着与社会结构对应的建筑现象。从最早的医疗活动开始，富有阶层就比低收入阶层享用了更高规格的医疗环境，详见第 2 章"从为神而建到为人而建：医院建筑社会简史"。

当代与社会结构有对应的医院建筑表现，在市场逻辑主

[1] 安东尼·吉登斯. 社会学 [M]. 第 4 版. 赵旭东，齐心，王兵 等译. 北京：北京大学出版社，2003.

[2] 彭礼孝，黄锡璆，孟建民，丁建 等. 医疗建筑设计沙龙 [J]. 城市环境设计. 2011, Z3: 264.

导卫生服务提供的国家尤为明显。如泰国服务不同社会群体的医院建筑环境设施品质大不相同（图6-2）：为富有阶层设立的私立医院则更注重康复环境品质，为低收入阶层设立的、医疗服务费用低廉甚至免费的公立医院则实用简朴。但应注意自费使用与各自经济能力对应的医疗资源不属于医疗不均等问题，后者指公共医疗资源使用的不公。

与社会结构对应的医院建筑空间分异在世界范围内一直普遍存在。历史上，医院发展成为医学技术中心时，医院特地为社会中、上阶层病人提供了更舒适的单间住宿设施，并为他们设置专用出入口和辅助用房等，与医院收容的贫穷病人在出入口、流线、空间位置、建筑面积和装修标准等方面完全区分开，形成了与社会分层对应的医院空间分异。

我国现阶段以公立医院为主体，全国统一建设标准，并要求特需服务不超过全部医疗服务的10%，以把更多资源投入到基本医疗卫生服务的提供上。医院建筑设计作品也因此非常相似，正如中国中元国际工程公司董事长丁建先生指出的："同一时期我们干的医疗建筑工程模式很多都是单一的。很多医疗项目的投入、规模、现状模式和设计的方法都非常相似，所以社会医疗的单一性非常突出，这是一个很大的问题：单一

图6-2　泰国公立医院（左1、左2）与私立医院（右1、右2）

性不可能应付多样化的社会和多样化的需求。"❶

　　我国医院实际运营中，一方面，特需医疗服务供不应求；另一方面，还有大量群众反映"看病贵、看病难"，都是因为医院建设与社会结构存在错位。

　　社会学家李强教授指出，我国大陆地区总体上是倒"丁字形"社会结构❷，图6-3中下面的一横由社会最下面的巨大基层群体构成（多为农民）。适用于该群体的医院，是类似北京上地医院这样的平民医院（或惠民医院、贫民医院及济困医院）（图6-4）。在这里，医生的诊疗水平等与其他公立医院相似，但政府补贴后，诊疗费用却仅为其他公立医院的一半，很多务工人员选在这家医院里生孩子，对这些群体而言，生孩子动辄上千元，不啻为大笔医疗支出。然而这类医院不仅数量难以满足该群体需求，既有建筑品质也堪忧。

　　不同社会群体的医疗服务需求存在巨大差异，因此，全国公立医院施行的统一标准在经济发展程度不同的地区、在同一地区的不同社会群体之间评价不一。《2008年中国卫生

❶ 彭礼孝，黄锡璆，孟建民，丁建 等. 医疗建筑设计沙龙 [J]. 城市环境设计. 2011，Z3: 260.

❷ 李强."丁字型"社会结构与"结构紧张"[J]. 社会学研究. 2005，02: 55.

ISE 分值

人口（16～64岁）百分比

图6-3　按照 ISEI 值测算的我国社会经济地位结构图形（资料来源：李强，2005年）

图6-4　北京首家惠民医院——上地医院

服务调查研究》表明 ❶，高收入群体反映的问题集中在"设备环境差"，而低收入群体反映的问题集中在"看病难看病贵"。

　　这种现象可以用社会学家李强的话来解释："中产阶级体面生活所需要的基本设施，在丁字形结构的下层群体看来都是奢侈的和可以用来谋生的途径"。❷ 由此不难理解，一些医院中建筑师设置的"钢琴厅"，在高收入群体眼中是改善环境的妙笔，在低收入群体眼中却纯属浪费。

　　这也是一些效益好的公立医院建筑趋向"宾馆化"发展后，倍受群众诟病的原因。"宾馆化"发展并非通常意义上所指的医院康复环境设计，后者是通过丰富的设计手法，在公共空间设置中庭并配以生活化元素，有效弱化医疗机构刻板形象，营造让病患放松的环境氛围等（图6-5）；而医院的"宾馆化"建筑设计则是采用在大厅中悬挂水晶吊灯，或采用石材柱式等昂贵建筑材料后价格不菲的设备设施等奢华做法。这种宾馆化趋势，并不能使民众满意 ❸，在经济不发达地区甚至引起了民众反感。

❶ 卫生部统计信息中心 . 2008 年中国卫生服务调查研究：第四次家庭健康咨询调查分析报告 [R]. 北京：卫生部统计信息中心，2009–09.

❷ 李强 . "丁字形"社会结构与"结构紧张" [J]. 社会学研究 . 2005，02：69.

❸ 目前群众对公立医院服务不满意，"一个重要原因在于医院没有分层次服务，用一种模式服务所有人"。引自：白剑峰 北京首家平价医院开业一月：平价医院如何"平价" [EB/OL]. 人民日报，2006–01–19. http://news.xinhuanet.com/fortune/2006–01/19/content_4069954.htm（2012–6–10）.

图 6-5　荷兰 Vlietmand 医院

　　海南省肿瘤医院名誉院长王铁林先生在访谈中指出，"有的医院有资金，就想采用国际一流设备，难免奢侈浪费，而医院与宾馆的服务不一样，它不需要根据装修标准等分出星级"。王铁林先生不赞成建宾馆式医院，因为医院建筑最复杂，综合医院与专科医院又有不同，医院建筑在诊区、流程设计上要考虑国情，医院是面向各层次消费能力的人开放，所服务人群的素质差异很大。从这一点讲，医院建筑就与按星级将客户群体进行分流服务的宾馆建筑很不同，在设计上也应区别对待。

　　而对于就诊空间环境有要求的中高收入者而言，建设投资和标准均受限的公立医院有时就差强人意，提供的"VIP 服务"也有限。作者担任医院建设项目评审专家时看到这样一个案例，某 200 床民营肿瘤医院住院部只提供 VIP 住院服务，其患者源自相邻某著名公立医院，因为这家公立医院仅设置 10% 的 VIP 床位，在实际运营中供不应求，多余的病人就入住到这家民营医院了，这家 200 床的民营肿瘤医院是家"寄生医院"。

　　"医疗不均等"指公共医疗资源使用的不公，主要表现为健康分布的社会不均等与医疗保健机会的不均等，后者在医院建筑中有明确表现。医疗保健服务提供体系反映着社会内部的权力关系，拥有权力、财富与声望等优势地位的人享有更好的医疗服务❶，占据更多的医院建筑空间资源（人均建筑面积、建筑装备和建筑装饰装修等），而后者是组成康复环境品质的重要内容。

　　例如，出于医学目的（如为了隔离治疗，把单间病房分配给危重病人、传染性病人、有气味或喊叫声影响他人的病人等），医院一直都会设置一定比例的单间病房；为利于病人康复❷，当代西方医院也提倡尽量多地设置单人病房。英国的医院 Pembury Hospital 的 512 个病房全部为有独立卫生间的单人病房，便于家人和朋友参与到病人的日常护理中来，提供病人康复所需的社会支持；荷兰有许多医院也设有大量舒适的单人病房，美国则从 2006 年起全部选用有家属陪护空间的单人病房（图 6-6）。

　　与这些单间病房面向所有人群开放不同，在优质卫生资源紧缺的国家，有的公立医院基于权力设置和分配单间病房，即为"医疗不均等"在医院建筑中的映射。作者在某市参观一家有 146 年历史的三级甲等综合医院时获知，这家医院住院部设有 2000 元 / 天的高级套间，仅供有一定行政级别的患者使用。为解决上述不均等问题，我国政府已将"促进基本公共卫生服务逐步均等化"、缩减城乡区域间差距列入今后医改五项重点工作领域之一。❸❹

　　此外，我国病床资源实际分布已明确受地区经济发展水平影响且表现出日益不公平的趋势❺，民众就医行程增加的跨区就医现象"可视之为医疗不公平的指标"。❻ 跨区就医，使得优质医疗资源所在地区的医院中外地病人占比高，例如，作

❶ 叶肃科. 健康、疾病与医疗：医疗社会学新论 [M]. 台北：三民书局股份有限公司，2008.

❷ Irene van de Glind, Stanny de Roode, Anne Goossensen. Do patients in hospitals benefit from single rooms? A literature review [J]. Health Policy. 2007, 84: 153–161.

❸ 陈竺. 中国医改：成绩及展望 [J]. 中国科技投资. 2012, 22）: 8–9.

❹ 陈竺，高强. 走中国特色卫生改革发展道路 使人人享有基本医疗卫生服务 [J]. 中国卫生产业. 2008, 03）: 19.

❺ 黄小平，唐力翔. 我国病床资源配置的区域公平性研究 [J]. 中国卫生政策研究. 2010, 08.

❻ 张苙云. 医疗与社会：医疗社会学的探索 [M]. 第 3 版. 台北：巨流图书公司，2004.

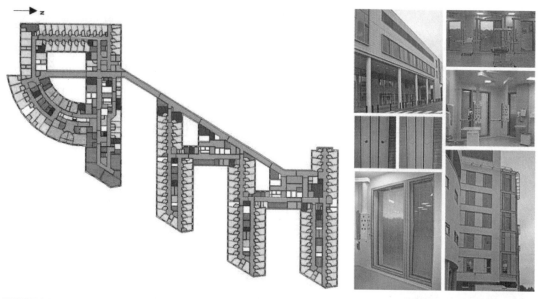

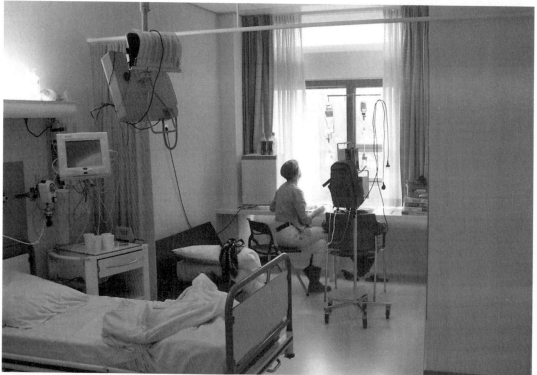

图6-6　上：全部为单人病房的英国Pembury医院；下：荷兰Vlietmand医院儿童病房，
设置了家人陪伴、陪伴儿童病患的区域

者参与北京天坛医院迁建工程设计任务书编制工作时，院方说该院外地病人占总量的90%，随之而来的，是大量陪同病人的亲属们，他们出于便于照看病人或节省开支等原因，占据医院公共空间休息或过夜的景象，在大城市很多三甲医院里很常见（图5-3）。

跨区就医在医院建筑中的直接表现，就是很多大型三甲医院实际使用人数远超设计使用人数，造成空间拥挤、设备设施过度使用，环境体验差。由于大量病人由家属陪同跨区就医，优质医疗资源所在地区的医院建设就犹如开闸放水，建多大规模都能被外地蜂拥而来的就诊人群填满，这样一来，医院建筑的使用人群无法被准确预估，建成后医院的实际使用人数远超设计使用人数。

北京市属医院（部分）门诊量统计表（2016.12） 表6-1

序号	医院名称	标准门诊量	设计门诊量	实际门诊量	实际门诊量 / 标准门诊量	实际门诊量 / 设计门诊量
1	北京胸科医院	（533）	200	922	1.73	4.61
2	宣武医院	3000	3000	10731	3.58	3.58
3	北京中医医院	2000	2500	8680	4.34	3.23
4	首都儿科研究所	2400	2500	7633	3.18	3.05
5	北京地坛医院	400	800	2166	5.42	2.71
6	北京积水潭医院（本院）	3000	2500	6557	2.19	2.62
7	北京安定医院	1600	600	1576	0.98	2.62
8	北京儿童医院	4500	5000	12625	2.81	2.53
9	北京朝阳医院（西院）	1500	1500	3671	2.45	2.45
10	北京天坛医院（原址）	2850	2400	5109	1.79	2.13
11	北京朝阳医院（本院）	3300	5000	10558	3.2	2.11
12	北京世纪坛医院	2500	3000	6277	2.09	2.09
13	北京肿瘤医院	（626）	1000	2033	3.25	2.03
14	北京安贞医院	3000	4500	8579	2.86	1.91
15	北京同仁医院（本院）	2500	3000	5690	2.28	1.90

续表

序号	医院名称	标准门诊量	设计门诊量	实际门诊量	实际门诊量 / 标准门诊量	实际门诊量 / 设计门诊量
16	北京友谊医院	3000	5000	9371	3.12	1.87
17	北京佑安医院	300	1200	2175	7.25	1.81
18	北京妇产医院（本院）	（300）	2000	1780	5.93	0.89
19	北京清华长庚医院	3000	500	339	0.11	0.68
20	北京老年医院	1800	1600	1224	0.68	0.77

表 6-1❶ 所示为北京部分市属医院的 20 处院址门诊量统计表。表 6-1 中所列医院按实际门诊量与设计门诊量的比值进行排序，最高值达 4.61 倍；大部分医院院址的实际门诊量都远超过设计门诊量。

3　医疗体制对医院建筑的促进与制约

医疗体制对医院建筑具有深远影响。英国医院建筑研究认为，英国国民卫生保健机构"改革深深影响了医院建筑设计实践"❷，带来了诸如设计指南的贬值、标准的降低、标准化模块规划的施行"，因此医院建筑实践呈现出"一切表现出权宜之计、务实和机会主义"的总体风貌。❸ 我国学人也观察到了这种影响："一个国家的医疗体制决定医院的规划布点以及具体医院的性质、规模和布局"。❹

我们先来看各国医疗体制下各个卫生保健服务机构之间的关系，这对医院建筑的发展有着直接影响。当代各国社会卫生保健服务，如预防、诊断、治疗、康复和护理等，是由卫生保健服务提供体系的各组织机构协同提供❺，在不同医疗体制下，各机构之间存在着不同程度的协作或竞争关系；根据对卫生事业的影响，可细分为良性协作或有效竞争，以及

❶ 该表摘自作者主笔的，由北京市医院管理局主导、北京市医院建筑协会承办组织的《市属医院门急诊用房现状调研》（2016 年 3 月～2016 年 12 月）调研报告，表中的标准门诊量，是指按照我国颁布的一系列医院建设标准、根据医院编制床位数计算所得的门诊人数量，由于一些专科医院没有相应的建设标准，如肿瘤医院、儿童医院、口腔医院和妇幼保健院等，因此在计算标准门诊量时参考了其他专科医院的建设标准，并用括弧圈出。

❷ Susan Francis, Rosemary Glanville, Ann Noble, et al. 50 years of ideas in health care buildings [M]. London: The Nuffield Trust, 1999.

❸ Susan Francis, Rosemary Glanville, Ann Noble, Peter Scher. 50 years of ideas in health care buildings [M]. London: The Nuffield Trust, 1999.

❹ 裔绚 . 总结、交流、展望——关于"医院建筑设计学术交流会"的报导 [J]. 建筑学报. 1981, .12:15.

❺ 国家卫生保健提供系常由医院、社区健康服务中心、精神卫生组织、实验（检验）中心、护理院等机构组成。

无效协作和不良竞争两组类型。

　　由政府负责公共医疗服务投入的国家或地区，控制医疗费用过快增长是第一要务。由此,合理架构卫生保健提供体系，保证各机构间有良性协作和有效竞争，成为政府"开源节流"的首选方式。良性协作和有效竞争指在政府监管下，卫生保健服务体系中的各组织机构之间开展广泛的社会协作并进行有序竞争，往往表现为以健康成本低的"预防"为服务重心，注重发展预防和初级社区健康服务，减少社会对相对昂贵的医院服务的使用。

　　例如英国强调医院在多层次上开展与体系中其他机构的社会协作；荷兰也是机构协作和服务的适度竞争结合得较好的国家（图 4-14、图 6-7）。在亚洲，中国香港特区医管局于2002 年推行联网制度，对医疗资源进行合理配置，保证民众平等获取医疗服务，各医院定位由此更加清晰，避免了同区域服务重复和恶性竞争，医院之间是配合医管局整体发展需要的合作关系。

图 6-7　英国未来医院建筑设计的社会协作模型（资料来源: Francis et al，2001）

　　相比而言，"目前我国各类公共卫生机构之间、公共卫生机构和医疗机构之间完全以疾病或疾病不同发展阶段互相分割,业务工作互相独立、联系不够紧密" ❶；在最近一次的《2013年第五次国家卫生服务调查分析报告》中，谈到"卫生服务成效与进展"时 ❷，没有相关进展内容。

　　在存在有效监督的有效竞争体制中，医院由于担负着建设与运营支出，因而特别重视建筑经济效益，会积极采取一切措施以降低建造成本和运营成本，并积极寻求医疗服务机构之间的社会协作、降低服务相同区域人口的建筑面积标准等。例如英国医院建设公共投入存在有效监督，自然追求社会效益最大化。英国医院建筑的"社会效益"包括公众的基本认可，英国学者还建议"加在公众和个人身上的费用（如交通费用和社会服务费用的增长）也要纳入方案考虑"。❸

　　而在缺乏有效监督和缺乏竞争的体制中，医院由政府出资建造时，难免会存在盲目扩大建设规模等现象。作者在荷兰考察时，参与座谈的卫生部官员告诉我们，2006 年荷兰医疗体制改革前，荷兰医院建设全部由政府投入时，就存在"尽量多要"建筑面积现象。我国当前医院建设与之类似，作者参与多项医院项目可行性研究报告评审中，就看到建设方尽量多要建设面积、等政府"砍价"等现象。

　　海南省肿瘤医院院长王铁林院长在访谈时也指出，"目前医院产权关系不清楚，经营不自主，容易有政府资金'不花白不花'观念"（2012 年）。我国政府对公立医院建设的投资和管理方式、现有法人治理结构均未形成对医院社会效益有效的运营机制，难以约束医院方主动控制医院建设的经济性或追求社会效益最大化。作者在诸多医院项目评审中了解到，业主在意的是医院何时完工，为此一切努力在所不惜；一旦完

❶ 卫生部统计信息中心. 2008 年中国卫生服务调查研究：第四次家庭健康咨询调查分析报告. 北京：卫生部统计信息中心，2009-09：150.

❷ 国家卫生计生委统计信息中心. 2013 年第五次国家卫生服务调查分析报告. 北京：国家卫生计生委统计信息中心，2015-01：140.

❸ James W P, Tattonbrown W. Hospital design and development[M]. London: Architectural Press Ltd, 1986.

各国医疗体制对医院建筑发展的影响（部分）　　　　　　　　　　　　表 6-2

	英国	中国	美国	荷兰
医疗体制	有监督的公共投入	监督薄弱的公共投入	市场逻辑，政府监督薄弱	市场逻辑，政府有效监督
协作 / 竞争	协作性强、竞争弱	协作性弱，存在竞争	协作性弱、竞争性强	有效竞争
医院所有制	公有制为主体	公有制为主体	私有制为主体	非营利私有制为主体
目标	社会效益最大化；功能达一定标准（非极致）	扩容：解决拥挤与加床问题，提高医院服务能力	注重品质和用户体验	注重建筑房地产价值最大化，同时恪守底线
面积标准	较低	区域差距大，存在尽量多要面积现象	较高	较高
经济性	在功能达一定标准前提下，追求全寿命周期投资效益的最大化	政府控制规模、标准和建设投资，资金差距由医院方补	优质医疗资源在于医生，不在医院建筑或设备的豪华贵重，最好医生在私立医院	"富而不奢"原则，强调经济实用
用户体验	缺乏发展动力	缺乏发展动力	重视并发展	重视、向日常化发展
日间诊疗	重视并发展	缺乏发展动力	重视并发展	重视并发展
预防和社区	重视并发展	缺乏发展动力	缺乏发展动力	重视并发展

工，医院则可年收入数十亿元，为缩短工期，建设中的设计变更产生的资金增加等可以忽略不计。这也解释了在发达国家如英国、荷兰和德国为控制建设或运营成本在医院建筑设计上做出相应改进时，作为发展中国家，我国医院建筑设计领域类似话题反倒不多。

此外，当市场逻辑引入医疗服务领域而缺乏有效监督时，医院则为了逐利会进行"成本转嫁"，医院的超大规模建设发展正是"成本转嫁"的物化表现之一。"成本转嫁"即医院将机构的经营效率建立在个人求医成本的相对增加之上；当医院将医疗资源集中、经营规模扩大时，医院的经营成本随之降低，然而，这时民众的求医成本会随之相对增加。例如，求医不是个人的事，往往是全家总动员，民众就医行程的增加就增加了求医成本。

如果因个别医疗机构经营效率的提高，所产生的利润归

于医疗机构；而个别医疗机构经营效率的提高，所产生的社会成本由个别民众来承担，就构成了"成本转嫁"。超大规模的医院建设，不均衡的医院规划布局，是否合乎民众利益值得认真讨论。

本书第 4 章第 2 节"英国医院建筑：理性经济派"中，英国的 Best Buy 医院模式已经证实了，通过自上而下主导医疗服务机构开展协作、控制使用医院的人数，可以有效降低服务于同等区域人口的医院建筑面积。要知道，医院的建造和运营成本、人力成本等，都是卫生保健提供体系的各卫生设施中最高的。

为此，西方国家在 20 世纪末、21 世纪初为了控制医疗费用上涨，一直致力于发展社区医疗服务、缩短患者使用医院服务的时间、提高医院床位周转率以控制医院住院部规模。1998年，美国建筑学者克利福德·皮尔逊（Clifford Pearson）指出，"从本质上讲，医院正在进行自我改造，致力于为更少的病人提供服务，专注服务于那些病情更严重、需要更高水平护理的病人"。❶

当西方国家将卫生服务重心向预防和社区转移时，发展了一系列低建造与运营费用的社区诊所、慢性病长期护理机构时，国内是相向而行，在医院发展的第五次浪潮——大医院（Megahospital）方向持续迈进 ❷：医院不仅越建越大，大规模医院建设的数量还居高不下。

4　医院社会角色影响设计重心的转变

4.1　医院社会角色的变化

医院承担着不可或缺的社会功能，在社会中占据重要的

❶ Clifford Pearson. Key Players in Health Care [J]. Architectural Record. 1998: 76. 原文为"essentially, hospitals are reinventing themselves to serve fewer patients, who are more actuely ill and require a higher level of care."

❷ 见 Stephen Verderber, David J Fine. Healthcare architecture in an era of radical transformation [M]. New Haven, CT: Yale University Press, 2000. 历史上医疗建筑发展的六次浪潮分别是：（1）古文明时期（the Ancient）；（2）中世纪时期（the Medieval）；（3）文艺复兴时期（the Renaissance）；（4）南丁格尔时期（the Nightingale）；（5）极简主义大医院时期（the Minimalist Megahospital）；（6）虚拟医疗时期（the Virtual Healthscape）。

位置。社会角色指"与地位相关的行为期待"❶，医院社会角色即与医院的社会地位相关的服务功能期待，包含公共角色、功能角色和职业角色三重内容。

其中，医院的公共角色与一定的社会意识形态和社会制度相关，不同医学社会制度的医院公共角色不同。例如，美国的医疗体制是当代最典型的市场经济模式，而英国则是社会化医疗代表，追求服务精益求精的美国医院和追求社会效益最大化的英国医院所承担的公共角色不同。医院建筑作为呈现医院公共角色的重要物化途径之一，两国的医院建筑也因此呈现迥异的面貌。

医院的功能角色与所处的社会卫生服务提供体系相关，不同体系中医院的功能角色也不同。早在 100 年前，美国洛克菲勒基金会派到中国的北京协和医学院公共卫生学教授兰安生（John B. Grant）就曾说过："一盎司的预防胜过一磅的治疗"❷，以预防为主的社会卫生服务提供体系，重视初级医疗服务在医疗服务体系中的合理发展比例，整体医疗系统的宏观健康产出效率比以治疗为主的体系更高。

因此，在以治疗为主的卫生服务提供体系中，医院所负担的社会功能就比以预防为主的体系中要重得多：许多病情不严重，也并不需要更高水平护理的病人涌入医院，医院趋向超大规模发展，解决功能效率成为这类超大型医院建筑设计的核心问题。

此外，不同医疗体制中，对医院担负的社会功能认知也不同。例如，在市场逻辑主导医疗服务领域的发达国家，为达到最佳的服务效果，对医院功能展开了细致研究后认为，医院除了为病人提供诊疗服务外，还应为病人在医院中的生活提供社会支持，而社会支持对病人康复效果改善显著。由

❶ 迈克尔·休斯，卡罗琳·克雷勒. 社会学导论 [M]. 周杨，邱文平译. 上海：上海社会科学院出版社，2011.

❷ 原文为："Anounce of prevention worth more than a pound of curative medicine"。参见：讴歌. 协和医事 [M]. 北京：生活·读书·新知三联书店，2007.

此，美国学者罗杰·乌尔里奇倡导"支持性设计"（supportive design）理念，提出改善环境康复效果的三原则，其中之一就是为病人的社会交往提供便利。具体建议有：在医院建筑设计中为探视者提供便餐厨房，提供病人和家属的社会交往空间，以及为护理者提供过夜睡觉的地方等。

医院的职业角色，是指医院依靠具备医学科学技术的人，通过医学科学技术手段服务于人类生活，为特定人群提供非自然力量协助。医院职业角色既要求医院具备科学性，又要求医院具备人道主义关怀。当代医院建筑"去医院化"的设计趋势、住院部加入居住环境元素等，正是医院从强调"科学性"向"兼具人道主义关怀"方向扭转的物化表现（图6-8）。

医学社会发展推动着医院不断转换角色。历史上，医院扮演过多种社会角色，从早期的宗教活动附属设施、慈善收容设施、贫病者死亡之家，到近现代"实验—医疗—培训"三位一体的医学技术中心等。现代医学发展将人们对健康和疾病的认识由单纯的生物层次拓展到社会层次，把医学问题完全置于社会关系系统中。随着医疗实践活动日趋社会性和群体性，无论是中国传统的分散式"坐堂行医"或西方的"家

图6-8 妇产科病房中兼具待产、分娩、恢复及产后的单人病房（LDRP）兼具"科学性"与"人道主义关怀"。左：分娩期间的病房景象；右：待产、恢复与产后期间的病房景象（资料来源：KIRK，2017年）

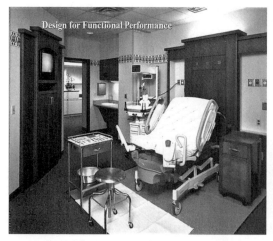

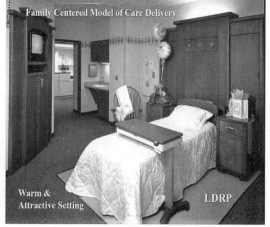

庭医生"、"私人诊所"诊疗方式，都难以满足社会大生产需求，医生由个体行医逐渐转为参与医院组织，医院也逐步被纳入国家卫生体系，由传统医院的个体角色向现代化医院的社会体系角色转变。

现代化医院恪守的基本目标，是在医学知识和技术限制下、在医院资源容许下，为病人提供治疗服务。在此基础上，医院呈两极化发展：一是福利型医院，向平民提供基础保障型医疗服务；二是经营型医院，向较富裕人群提供消费型医疗服务，医院建筑也随之呈两极化发展。

当代福利型医院与经营型医院的建筑表达（部分）　　　　　　　　　　　　表 6-3

	福利型	经营型	混合型	
举例	英、美和泰国公立医院 荷兰公立教学医院；中国平价医院等	英、美、泰国和日本私立医院和诊所；香港私立诊所等	荷兰非营利私立医院等	中国公立医院等
发展价值观	医院属于并服务于人民 追求社会效益最大化	提高医院在医疗服务市场竞争力	注重建筑市场价值和建筑运营成本	重医院整体服务能力
优质资源分布	由医疗需求主导	与所在区域经济发展水平有关	主要根据区域服务需求引导改善	在区域需求基础上，由经济水平主导
设计重心	满足医疗照护标准，不必最好，但不失舒适	重视康复环境品质	重视康复环境品质，注重通用性	以医疗服务"扩容"为主，重视条件改善

4.2 福利型与经营型医院

对各国医院社会角色与建筑设计之间的关联分析如表 6-3 所示。首先，福利型与经营型医院的地区分布不同。中国台湾学者张苙云指出，市场逻辑下的医疗资源分布与地区综合实力发展水平同步，而与医疗需求不同步。❶ 大陆一项针对区域病床资源配置的公平性研究也证实了这一点：我国当前各省市病床资源配置受当地经济发展水平影响较大，"且相对于各地经济发展水平来说，病床资源配置和各地经济发展水平相比呈现出日益不公平的趋势"❷。相对而言，福利型医院的地

❶ 张苙云. 医疗与社会：医疗社会学的探索 [M]. 第 3 版. 台北：巨流图书公司，2004.

❷ 黄小平，唐力翔. 我国病床资源配置的区域公平性研究 [J]. 中国卫生政策研究. 2010，08：52.

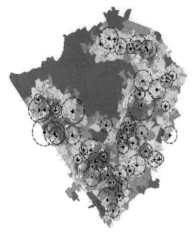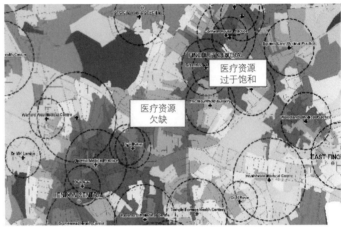

区分布能够依从于区域人口医疗需求、基于现有医疗资源评估和合理医疗服务半径等依据进行布局（图 6-9）。

图 6-9 英国大伦敦巴尼内特区医院区域规划过程中对现有医疗资源分布分析。左：区域整体分析；右：局部放大（资料来源：MARU）

其次，福利型医院的建筑设计中，对公共建筑人性关怀的重视尤为难得。❶ 英国医院是典型的福利型医院，政府为此特地将相关条文写进医院建筑设计评价手册中：1994 年 NHS 发布的《设计更卓越的医疗建筑》中 ❷，把"有助于提高地区活力"、"项目的公众评价有利于 NHS 的形象"、"帮助病人康复并提高工作人员工作效率"和"减少长期运营费用"等，定为英国公立医院的建筑设计方案评判标准的组成部分。

和福利型医院提供的费用低廉但品种有限的医疗服务一样，福利型医院建筑因投资和运营资金控制严格，建筑内外使用的建筑材料等非常简朴。还以英国的福利型医院为例，20 世纪 60 年代英国建设 Best Buy 实验项目时，业主将自己的工作原则定为："不必是最好的，但是提供了充分的医疗服务、不失舒适，也不损害医疗照护标准"。❸

英国的医院建筑设计师更注重回应医院的本质需求，通过建筑空间设计为医院增光添色，医院建筑外观简朴，建筑人性化细节丰富，空间感受舒适。如图 6-10 所示，伦敦多雨，

❶ Susan Francis, Rosemary Glanville, Ann Noble, et al. 50 years of ideas in health care buildings [M]. London: The Nuffield Trust, 1999.

❷ NHS Estates, Better Pursuit of Excellence in Healthcare Buildings by Design[R]. London: HMSO, 1994.

❸ James W P, Tattonbrown W. Hospital design and development [M]. London: Architectural Press Ltd, 1986.

图6-10 英国新建米德塞斯（middlesex）医院。左：入口；右：等候空间

英国米德塞斯（middlesex）医院入口为方便公交车停泊和乘客上下设计了超长雨棚，直达医院建筑入口。

5 医院科层化和建筑服务目标的异化

5.1 医院服务组织的科层化

医院科层化，是指医院服务组织的科层化管理方式及相对应的建筑空间组织形式，同福利型医院一样，医院科层化也是工业社会的产物。医院科层化是怎么来的呢？随医学发展，医师从自雇变为受雇，从自由职业者变为医院的工作人员；医师提供的医疗服务，在医院中也逐渐产生了变化。医院为便于管理，开始采用类似工厂流水线的分工作业方式，把病人需要的医疗服务切分后，分类集中设置。医院的医疗服务目标由此异化为管理效率；医院建筑的空间组织目标也随之转向功能效率，病人就医行程随医院的复杂化、规模扩大而变得复杂而冗长（图6-11、图6-12）。

例如门诊部的医生只管为病人进行初步诊断，并开具检查单据、查看检查结果等；医技检查部门的医师只负责检查、出具检查报告；医技治疗部门的医师根据门诊医生确认的治疗方式为病人进行治疗服务……只不过，与工厂流水线采用自

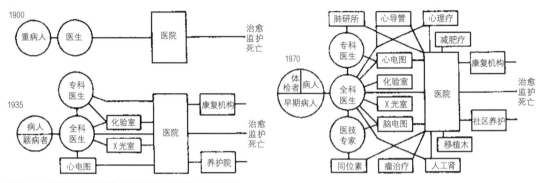

图6-11　医院组成结构演变（资料来源：罗运湖，2002年）

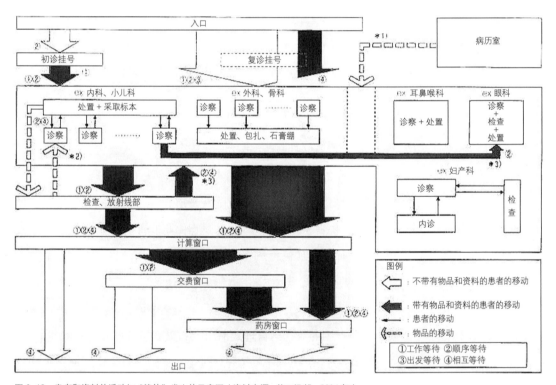

图6-12　患者和资料的活动与"等待"发生的示意图（资料来源：谷口汎邦，2004年）

注：1）预约患者在前一天交费，预约外的复诊在挂号后交费，于是发生"④相互等待"；2）在内科等的场合，诊察前有时需采取标本，于是发生等待检查结果的"④相互等待"；3）在外科，检查后再次诊察的场合，由于要插入最初预约的顺序中，于是发生"②顺序等待"；4）"④相互等待"因指令运行系统和传真的普及而终将消除。

动输送带运送待加工物品不同的地方是，大部分病人需要在流水线上往返"输送"自己，有时不得不由护士和家人"输送"。在医疗服务如工厂流水线般组织的框架中，能够改善病人处境的人性化措施非常少。以至于在医院科层化发展的顶峰，除了轨道小车这类物流运输设施外，还曾出现过用轨道小车输送病人的设想（图 2-15）。

医院从诞生时为病患提供医疗救助的场所，转变为医疗服务组织管理、教学和研究的场所；救死扶伤的"仁术"温情逐渐被崇尚"最尖端医学"的科学理性代替。现代医院建筑设计也多建立在以医疗服务效率为目的的研究上（图 6-13）。

医院科层化组织和建筑服务目标的异化，是患者"非人性化"建筑体验的结构性根源。在医院科层化组织中，"众多的医事人员与行政人员，都是在对病人提供服务，但是他们

图 6-13　上左：英国 16 世纪绘画中描绘的医院场景，上右：英国现代开敞式病房致力于提高功能效率的设计研究；左下：护士工作移动轨迹研究（资料来源：NPHT，1955 年），右下：门诊就诊过程时间分配研究（资料来源：Scher，1996 年）

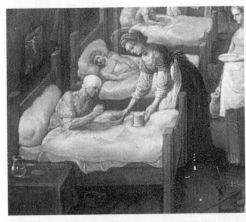
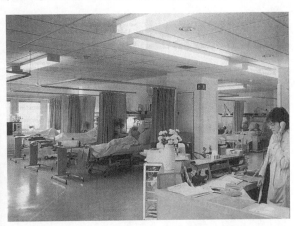
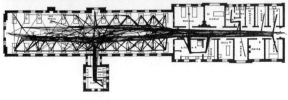
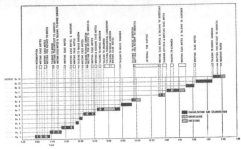

各有所司，并不是以个别病人的需求为主" ❶，虽然医疗服务标准化提高了医院组织的工作效率，并最终使病人获得最大利益；医院工作人员也并不一定表现出让病人产生非人性化感受的态度，但是医院的工作组织方式确实削弱了病人的自主权。

此外，就医过程是否人性化与病人的客观感受有关。就病人一方而言，与医院工作人员的接触只是病人整个就医环节中的一部分；当病人的身体状况转化为数据和表格，由病人按照医院规定的复杂程序在医务工作人员（医生、检验人员和护理人员等）之间传递时，非人性化感受就增加了。

美国学者在 20 世纪 80 年代开始对这类医院建筑空间组织方式进行反思，指出："病人一直被当作医院场景中出现的配景（和医疗流水线上的工作对象），而非设计考虑焦点"，这样的医院是为医务人员、管理者、投资人或政府的利益而建，而非围绕着病人利益而建。❷

在医院建筑服务目标异化后，建筑环境的审美失去了依附的基础。医院建筑的审美与功能是否适用紧密相连，优美医院建筑环境感受以建筑功能的完备与便捷为基础，否则环境的审美便无从谈起。服务目标异化的医院空间组织，会严重损害物质环境本身可能给人带来的愉悦感受。

5.2 人性化与建筑功能分区

与科层化服务组织相反方式的，是"病人中心式"（Patient-focused）服务组织方式。"病人中心式"服务理念源于美国妇产科服务的改进，可视为医学社会学病人权利认识深入及消费者运动向医院领域双重渗透的结果。"病人中心式"医院建筑的实施，需要医疗服务管理方式改革先行，围绕就医流程合理安排、提高诊疗效率，以减少传统门诊、医技和

❶ 张苙云. 医疗与社会：医疗社会学的探索 [M]. 第 3 版. 台北：巨流图书公司，2004.

❷ Janet R Carpman, Myron A. Grant. Design That Cares: Planning Health Facilities for Patients and Visitors [M]. 2nd ed. Jossey Bass, 2001.

住院的"三分式"布局给病人带来的不便。

"病人中心式"服务组织强调团队工作，按病人就医需要将传统集中在门诊、医技和住院部门的医疗服务进行分散化设置，形成多中心布局（图 6-14）。

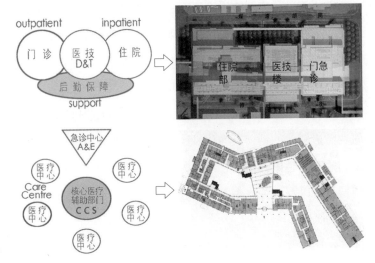

图 6-14　上左: 传统"三分式"医院结构（资料来源: Glanville，2011）; 右: 北区（2012 年）功能布局分析（资料来源: 中国中元国际工程公司）; 下左: 医院多中心布局示意图（资料来源: Glanville，2011年）; 下右: 荷兰 Vlietland 医院多中心平面形态（资料来源:Mens, et al，2010 年）

6　我国医院建筑人性化设计困境诊断

世界各国医院建筑的发展现状不同，但目标都差不多。英国的《追求卓越的医院设计》[1] 指出，当代医院建筑的发展目标，是功能良好、人性化、投资效益最大化、技术和标准适宜的理性化发展。这些发展目标对我国当前而言,驱动力不足，即我国医院建筑发展存在程度不同的结构性障碍。这里以人性化为例解析医院建筑设计的社会结构性困境。

我国当代医院建筑实践中的"人性化"设计研究，与西方基于循证研究的设计不同，呈非理性化发展态势，存在着实证研究依据少、直观成分居多的"避实就虚"问题。《现状报告: 建筑环境是否影响病人疗效的调查》[2] 对"人性化"设计基础、

[1] NHS Estates, Better Pursuit of Excellence in Healthcare Buildings by Design[R]. London, 1994.

[2] Haya R. Rubin et al, Status Report: An Investigation to Determine Whether the Built environment Affects Patients' Medical Outcomes[R]. the Centre for Health Design, 1998.

医院建筑康复环境研究领域急剧膨胀的文献进行了严格的评价研究，所选取的 **7.8** 万多篇相关主题文献中，**45** 篇研究文献提供数据支持结论并有着较为可靠的研究方法，我国尚无类似筛查研究。

曾主管过多家医院建设的王铁林院长在访谈中说："现在医学模式转变后 ❶ 更关注人，从我个人角度来说，也非常想让医院更人性化一些，体现更多对使用者的人文关怀，但是该如何落实，说不具体"。

但是，如果说非理性的人性化设计问题可通过建筑设计研究予以解决的话，人性化设计面临的结构性困境，则是实施时恐难逾越的障碍。下面就医院服务目标异化、服务组织科层化，以及服务体系失衡下医院超大型发展谈一谈人性化设计的困境。

6.1　服务目标异化下的医院建筑

医院建筑的人性化设计，在不同医疗体制、同一医疗体制的不同发展阶段发展的驱动力不同。当优质卫生资源"供小于需"、建设监管薄弱时，人性化设计的驱动力不足。这时，医院以医疗服务提供者（以管理者为主）的发展意愿为主导，而非以服务对象——患者及亲属感受为主导。我国医院发展现阶段，医院建设主要围绕提升医院服务能力展开，注重建筑对医院等级的硬性指标、医院总体规模（包括病床总床位数量和总建筑面积）、年门急诊人次等需求的满足。

从各大医院百度百科词条内容、医院官方网站的医院简介上也可看出这一倾向，这些内容主要围绕上述内容展开。广东省卫生厅副厅长廖新波指出，"院长们见面都是说'你们医院床位多少、业务收入多少'，比的都是这些经济

❶　指医学模式从"生物医院模式"转变为"生物—心理—社会医学模式"。

❶ 陈枫，曹斯，每个地市都要成立"医调委"[N]. 南方日报. http://www.people.com.cn/h/2011/1109/c25408-2538778173.html. 2011-11-09.

❷ 陈枫，曹斯，每个地市都要成立"医调委"[N]. 南方日报. http://www.people.com.cn/h/2011/1109/c25408-2538778173.html. 2011-11-09.

指标"。❶ 在医疗服务领域的市场逻辑影响下，医院建筑成为医院逐利发展观的物化产物。"一位资深的医疗卫生专家沉重地说，这些年医院的发展也在追求 GDP……。医院都在不断盖楼、买设备、办分院"。❷

　　在这种大环境下，一些医院建设方和设计师协作下进行的人性化设计探索则难得、可贵。更多情况下，医院建设方和设计方趋利性叠加，设计师成为帮助医院建设方实现发展理想的绘图师，由此，医院建筑在专业人员笔下呈现出不专业的一面：重视外观造型的形象意向、地标性，以及重视 VIP 路线的流畅等。

　　如图 5-1、图 6-15 所示，为医院经营化发展的物化表现的极端案例。与设计医院的建筑师朋友们聊起来发现，这种案例并非孤例。该医院设计于 2006 年，作者曾参与投标但未中标，在勘察现场与医院建设主管者会面时，该主管明确授意将医院设计为"金元宝"，该建筑物现已投入使用。

　　如本书第 4 章中提及的英国与荷兰对待医院康复环境品质的不同态度一样，在以服务对象主导的建筑发展阶段，重视设施品质提高竞争力则成为第一要务。王铁林院长在访谈

图 6-15　医院管理者授意按"金元宝"主题设计的医疗综合楼：左-外观，右-医院总平面

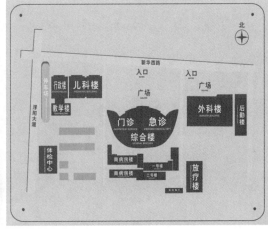

中谈到，医院设计和他所观察到酒店设计很不同。酒店设计师先要去酒店体验，从办理入住到结账离开，一系列行为所需时间到细节体验都纳入调研，根据分析结果改善设计；而我国医院建筑设计建完就用，大家还都希望自己的医院能评上设计奖或工程鲁班奖，不管医院方还是来参观的人，都只说好的不说差的，难以积累理性的用户使用体验。

此外，医院建筑空间还受到了医疗专业知识权力体系的影响。从方便医疗服务提供者工作角度出发，为了高效提供医疗护理，医院空间不仅仅根据便于医护监视病人及其家属的原则组织起来，还根据便于医疗服务组织管理的原则组织起来。医院的经营理念与医务人员之间的工作分工共同作用下，医院起源之初为病人提供医疗服务的目标已经异化。医院不仅在满足病人求医基本需求方面存在问题，伴生的大量家属陪同现象给医院带来各种建筑使用问题。

为避免服务目标异化问题，一些西方医院，在老年病科室（图 **6-16**）、肿瘤科室等身心皆承受不适的疑难杂症患者光顾的特殊科室，已开始采用门诊、检查和治疗、住院"三合一"的"一站式"医疗服务组织方式和建筑设计。在我国，这些

图6-16 荷兰 Vlietland 医院老年病中心：左-接诊台，右-门诊候诊区

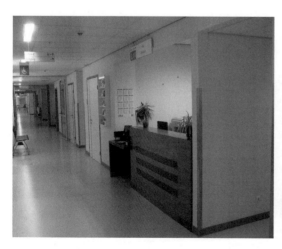

改变需要配合以医疗服务组织方式的改变，尚难以施行。

6.2 科层化医院的复杂就医路线

科层化组织与功能分区皆为工业化生产观念的产物，前者是社会系统层面的表现，后者则是前者物质空间层面的表现。科层化医疗服务方式和医院建筑的功能分区，将患者就医流程复杂化，增加了患者往返的交通时间和体力消耗。

在我国，就医流程受医学社会环境影响更添冗长：这是因为，我国检查服务数量日趋增多。报告显示，民众就医过程中检查服务数量增加主要来自两方面，一是存在医生诱导需求的过度医疗行为；二是在医患关系紧张背景下，医生为避免医疗纠纷寻求自保情况下发生的检查。❶

中国中元国际工程公司谷建总建筑师在一篇访谈中指出，"我们曾经做过一个西南地区医院的内部流程观察分析，观察患者的就诊路径并画出两小时内的交通路径综合图，显示出来的混乱和繁杂让我们很吃惊"。❷ 因为对医院不熟悉、个人认知能力有限或医院标识问题等其他因素，实际情形往往比预设的流程更为复杂。作者调研中，受访者对医院建筑最大的不满就是复杂的、病体难以忍受的冗长就医行程。

以作者自己的就诊经历为例：因腹部隐痛怀疑是胆囊发炎，在某医院门诊部的就诊历程如下：1）建卡（一楼大厅）→ 2）挂号（一楼大厅）→ 3）一次候诊（二楼）→ 4）二次候诊（二楼）→ 5）就诊（二楼内科诊室）→ 6）缴费（二楼）→ 7）抽血（一楼检验中心）→ 8）B 超（三楼医技功能检查部门）→ 9）取血液化验单（一楼检验中心）→ 10）再次候诊（二楼）→ 11）就诊（二楼内科诊室）→ 12）划价缴费（一楼大厅）→ 13）取药（一楼大厅）→ 离开。若 B 超人多预约不上，则

❶ 庞瑞芝，刘秉镰，刘先奎. 我国不同等级、不同区位城市医院的经营绩效比较研究 [J]. 中国工业经济. 2008, 2: 119.

❷ 尹婧，薛文博，谷建. 谷建：医疗改革与医疗策划是当务之急 [J]. 城市环境设计. 2011, Z3: 134.

流程中断，需隔天再来。

6.3　服务体系失衡下的空间环境

　　服务体系失衡在医院建筑空间环境方面的表现有两方面，一是因前来求医病患过多，大医院屡有扩张总体规模的建设，而这些医院扩建后，原来环境拥挤状况改观一段时间后，就被更多的就诊人群挤满了；二是超大型老医院建筑拥挤，受发展历史影响，常为不均衡的高建筑密度状态，新建筑空间显得拥挤。

　　老医院规模大历史久，且多设于城市市区，即使当年设于城郊的医院，在100多年后因城市发展变化也大都会位于城市中心繁华地带，医院发展至今常出现总密度过高且出现"疏密"不均衡现象，即老建筑群密度小、新建建筑密度高。为保证医院在建设期间运营，老建筑物往往成为场地中需避让的"钉子"，对老医院原址更新的新格局产生影响。

　　如江苏省苏北人民医院（图6-17左），医院前身为由美国教会主办的扬州浸会医院，院区西南侧一直保留着教会医院留下的一幢2层楼房（现为行政办公楼），发展至今，医院东北区域密度偏大。再如北京协和医院（图6-17右），北区新

图6-17

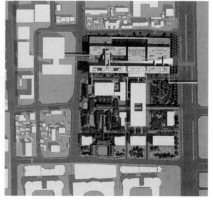

❶ 协和医院北区"北京协和医院门急诊楼、手术科室楼改扩建工程"项目用地约 44879 平方米（医院总建设用地为 97305 平方米），总体院区总建筑面积为 346168 平方米，北区工程总建筑规划约 22 万平方米。摘自：法国 AREP 公司，《北京协和医院门急诊楼、手术科室楼改扩建工程方案设计》设计说明书，2006 年 3 月。

建门急诊楼、手术科室楼改扩建工程用了 46% 的总建设用地，建出总院区 64% 的建筑面积。❶

在北京协和医院（北区）设计过程中（图 6-18），面对蜂拥而来的全国病患，该建设的首要目标是扩大服务规模并提高综合服务能力，人本设计这样非医学功能的需求就居于次要位置。法国设计公司 AREP 中标的方案设计中，在病房标准层特别设置了供"医—医"、"医—护"或"护—护"进行人际交往用的 60 平方米医护休息区域（图 6-18 中箭头所指位置）。

在方案深化设计过程中，该区域在医院方的明确修改要求下很快消失了：2006 年 4 月方案深化时，先修改为 40 平方米的医护休息室；几天后又被要求改为封闭式的会诊交班这样的业务用房，医务工作者人际交往休闲空间彻底消失。

医院建筑领域与卫生服务领域长期分离的发展方式，与

图 6-18　北京协和医院（北区）病房楼平面（资料来源：中国中元国际工程公司）

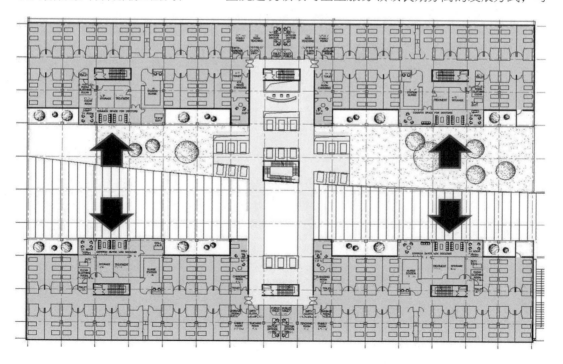

当代卫生服务领域"放权让利"改革积累的问题相叠加，医院建筑的国际经验很难再如 20 世纪初初传入时那样显著解决本土的社会医疗服务需求。国际医院建筑发展共同寻求的人性化设计趋势，在我国面临的社会结构性困境，使建筑师的专业努力在远程求医的长途奔波、大医院的拥挤人潮和繁琐流程、信任流失下日趋紧张的医患关系和民众难以承受的"看病贵"等现实面前，化成幻影。

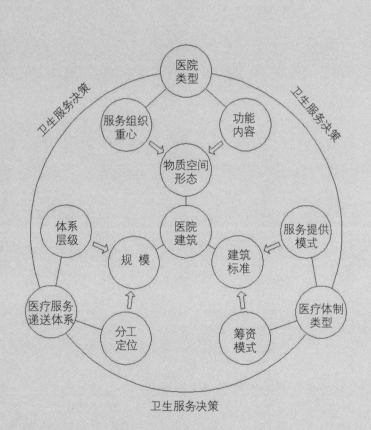

第 7 章

走向关怀社会的医院建筑设计之路

前页插图：
图 7-1　医院的体系化建筑理性发展架构

对"医院建筑—医学社会"关联机制的研究表明，医学社会学最关注的医疗不均等、公共服务可及性议题在建筑中有着对应表达；不同医疗体制影响下医院建筑特点各异，医院社会功能改变着建筑的设计重心，不同卫生服务体系，医院有着不同的服务组织重心，而组织科层化会使建筑服务目标异化；因此，医院建筑是特定社会的物质表达。这意味着：

一方面，解决与特定社会问题相关联的医院建筑问题需要以社会政策为先导；另一方面，应该以不同的医院建筑模式解决不同社会的医疗服务需求。当前政府将医疗卫生工作定位由过去的居民生活消费归位为重要民生问题之一的深化医改方向，是改观现状的基本驱动力。

我国医院建筑发展急需结束长期以来建筑领域和卫生服务领域长期分离的局面！在两个领域的联合推动下，回应广大民众医疗服务需求、解决现实问题，推动回应医改方向的体系化医院建筑发展是未来的方向（图 7-1）。

如前文所述，医院建筑的设计与建造不可避免地受到医学社会的影响与制约，在一个社会中行之有效的医院建筑空间组织方式，在另一个社会中却不一定便于管理与使用。对不同社会中医院建筑特色形成的社会根源的追问，可以让我们明确医院建筑未来良性发展所需的社会环境和肩负的社会责任。

医院的建筑设计通向社会关怀之路，是对建筑产生和使用的方式展开医学社会学层面的反思，基于反思展开建筑设计之路。为此，传统医院建筑设计需要在以下 7 个方面进行扩展（表 7-1）。

第一，卫生服务领域决策应推动我国医疗服务和医院建筑理性发展。根据本书在"医院建筑—医学社会"关联互动方面的前述探讨，当代我国医院建筑的理性发展需要纳入卫

传统医院建筑需要扩展的 7 个内容   表 7-1

扩展内容	传统医院建筑设计	社会关怀的医院建筑设计
基本理念	有效理性组织功能	物质空间形态从生活本身结构中发展出来
工作目标	理想化的建筑形态	对现实社会问题的理解和解决
工作对象	功能，空间形式语言等	理解形态后的民众日常社会生活与文化
工作内容	物质空间形态	确定物质形态转变所需的社会政策
工作方法	单一利益团体参与	政府主导，多利益团体共同参与
价值观念	设计师自身的价值判断	社会多利益团体的多元价值观
设计师角色	单一利益的执行者	不同利益团体的协调者

（作者自绘）

生体系需求；为有效利用医疗资源，约束医疗卫生机构控制建造与运营成本，推动服务组织重心转变，卫生服务决策领域需要在医疗卫生事业规划、服务提供与筹资模式层面之建立制度保障与约束。

此外，卫生服务领域需要在卫生服务决策层面为医院建筑专业者拓展工作和话语权范围，组织协调各方专业力量，推动开展该理性架构中的专题研究并推广研究成果。

第二，建设管理领域应推动形成公立医院建筑以社会效益为发展核心的运行机制，确立"福利型"医院为主、"经营型"医院为辅的各级医院均衡发展的医院规划布局，满足社会结构中各层次民众的医疗服务需求。

为发展福利型医院建筑，建设管理部门需要推动以下工作的开展：1）设计取费方式更新，改变当前公立医院建筑设计按建设投资百分比取费的趋利性设计取费方式；2）在建设程序中增加前期医疗规划和使用后评估，将医院各用户群体、区域民众评议纳入对建筑社会效益的评估中；3）除控制建设投资费用外，将建筑运营维护费用纳入医院建设资金控制考虑范围。

第三，建筑设计领域应开展基于医疗服务社会性的医院空间设计研究。医院空间设计，需要将医院物质空间形态与本土社会生活结构紧密结合，避免建筑实际使用与设计目标的错位与空间浪费，避免建筑规模的盲目扩张，充分利用现有设施、有效协调满足各用户群体医疗、工作与生活需求，该类研究与设计为我国当前急需。

中国中元国际工程公司董事长丁建先生也曾提出，"医疗建筑设计不仅仅是一个技术问题，它已经成了一个社会问题，所以经济、技术、管理，包括社会公共人员、社会团体的服务人员都应该融入这个团队，让我们设计机构吸纳更多的知识。我们通过对设备研究、管理研究、人的行为活动的研究以及人的心理需求的研究，把这些要素模拟下来融入我们的设计领域，这样才能创造一个更好的项目"。❶

建筑设计企业也肩负有社会责任。做医院建筑设计"不仅仅是做设计，它实际上也体现除了企业的社会责任感以及企业跟随社会发展去投入的状态意愿"。❷ RTKL 亚洲区前副总裁王恺先生也说过，"建筑师积累了一点经验，就应该真正考虑社会的责任，真正考虑医疗建筑对于我们国家的医疗体制能不能有所改进了"。❸

❶ 彭礼孝，黄锡璆，孟建民，丁建 等.
医疗建筑设计沙龙 [J]. 城市环境设计.
2011，Z3: 260.

❷ 彭礼孝，黄锡璆，孟建民，丁建 等.
医疗建筑设计沙龙 [J]. 城市环境设计.
2011，Z3: 260.

❸ 彭礼孝，黄锡璆，孟建民，丁建 等.
医疗建筑设计沙龙 [J]. 城市环境设计.
2011，Z3: 265.

医学社会与医院建筑编年简表（1835～1985年）

1835～1840 年	
政治、经济 与社会	1837 年：[英国] 维多利亚女王登基；[英国] 宪章运动开始 19 世纪 30 年代：[英国] 完成工业革命
	1839 年：林则徐虎门销烟 1840 年：第一次鸦片战争
文化与医学 科技	1836～1837 年：[美国] 摩尔斯（Samuel F. B. Morse）发明电报及摩氏密码
	1835 年：东印度公司医生郭雷枢（Thomas R. Colledge）发表《关于雇请开业医生作为传教士来华的建议》， 提倡"医务传道"
卫生·制度	1835 年：[英国] 新《济贫法》施行第一年
建筑·医院	20 世纪 30 年代：类型化医院建筑出现，建筑首先为医学服务
	1835 年：广州伯驾眼科医局（美国传教医师）
1841–1845 年	
政治、经济 与社会	1842 年：第一次鸦片战争结束；中英《南京条约》签订 1843 年：洪秀全等创立"拜上帝会"
文化与医学 科技	1844 年：[美国] 摩尔斯（Samuel F. B. Morse）成功发送长途电报 1845 年：法拉第发现"磁光效应"（也称法拉第效应）
	1843 年：魏源编著《海国图志》出版；墨海书馆在上海建立（英国教会）
卫生·制度	———
建筑·医院	1843 年：宁波华美医院（美国传教医师） 1844 年：上海仁济医院（英国传教医师）
1846～1850 年	
政治、经济 与社会	1848 年：《共产党宣言》发表；[英国] 宪章运动结束 1848～1849 年：欧洲革命（资产阶级民主民族革命）；霍乱第二次肆虐英伦 1850 年：[英国] 年收入居世界首位
	1847 年：上海发生中国近代史首例教案——徐家汇教案
文化与医学 科技	1846 年：[美国] 威廉·莫顿（William T.G. Morton）实施麻醉剂手术 1847 年：[匈牙利] 产科医师伊格纳兹·塞梅耳维斯用漂白粉溶液洗手接产 1848 年：1849 年：[法国] 莫尼亚（Monier）发明钢筋混凝土 1850 年：汽油第一次应用
	1846 年：清廷正式宣布弛禁天主教，发还康熙末年以来没收的天主教堂；容闳、黄胜、黄宽赴美留学 1847 年：伯驾在广州博济医院试用乙醚麻醉法；上海徐家汇建立教堂
卫生·制度	———
建筑·医院	1848 年：广州惠爱医局（英国传教士）
1851～1855 年	
政治、经济 与社会	1853 年：欧洲克里米亚战争爆发 1853～1854 年：霍乱第三次肆虐英伦 1854 年：美国与日本签订《日美亲善条约》，德川幕府的锁国政策被动摇

续表

政治、经济 与社会	1851 年: 金田起义（太平天国起义）、太平天国建立; 中国人口达 20 世纪前高峰, 占世界人口总数约 35% 1853 年: 太平天国正式定都南京, 改名"天京" 1854 年: 上海海关落入外国人掌握之中
文化与医学 科技	1851 年: [英国] 伦敦世界博览会;《纽约时报》创刊; 路透社正式在伦敦开业 1852 年:《汤姆叔叔的小屋》出版 19 世纪 50 年代: [英国] 斯诺对伦敦霍乱进行医学调查, 开启早期流行病学研究 1854 年:《天演论》译著者严复出生
卫生·制度	1855 年: [英国]《有害物质祛除法》颁布
建筑·医院	1851 年: [英国] 伦敦世界博览会"水晶宫"

1856 ~ 1860 年

政治、经济 与社会	1856 年: 欧洲克里米亚战争结束 1857 年: 资本主义历史上第一次世界性生产过剩型经济危机自美国开始爆发 1856 ~ 1860 年: 第二次鸦片战争 1858 年:《瑷珲条约》《天津条约》签订 1860 年:《北京条约》签订; 圆明园被烧毁
文化与医学 科技	1856 年: [法国] 路易斯·巴斯德（Louis Pasteur）发明高温灭菌法; [英国] 贝塞麦转炉发明, 大规模炼钢 成为可能 1857 年: [法国] 路易斯·巴斯德试验发酵工艺 1859 年: 世界首条海底电缆在英国和法国间铺设 1859 年: [英国] 达尔文《物种起源》出版; 马克思《政治经济学批判》出版 1860 年: [英国] 世界首个正规护士学校"南丁格尔护士训练学校"在伦敦创建
卫生·制度	1858 年: [英国] 医疗改革法案, 确认全科医生的资格和法律地位
建筑·医院	1859 年: [英国] 威廉·莫里斯（William Morris）等设计建造"红屋" 1860 年: 福州市圣教医院（美国教会）; 烟台市公济医院（法国教会）

1861 ~ 1865 年

政治、经济 与社会	1861 ~ 1865 年: [美国] 南北战争 1863 年: [美国] 总统林肯正式实施解放黑奴宣言, 1865 年废除奴隶制 1864 年: 第一国际成立 1861 年:"辛酉政变", 朝廷大权落入那拉氏之手; 洋务运动开始 1862 年: 英、法、美、俄等国驻华公使根据《北京条约》规定, 相继入驻北京 1864 年: 天京陷落、太平天国运动失败
文化与医学 科技	1861 年: 维克多·雨果完成《悲惨世界》; 第一具始祖鸟化石被发现 1863 年: [英国] 南丁格尔制定医疗统计标准模式; 伦敦修建了世界上首条地铁 1865 年: [英国] 调查河流污染情况; [奥地利] 生物学家孟德尔发现遗传定律 1863 年: 清政府为培养洋务人才, 设立"广方言馆"（同文馆）, 教授外文和科学知识
卫生·制度	---

续表

建筑·医院	1861年：天津市英国驻津屯军医院（英国教会） 1862年：孝感仁济医院（英国传教士） 1864年：上海公济医院（法国天主教会）；汉口普爱医院（英国教会）

1866～1870年	
政治、经济 与社会	1866～1867年：霍乱第四次肆虐英伦 1867年：[加拿大]建国；[德国]出版《资本论》 1868年：[日本]明治维新开始 1870年：普法战争开始；意大利统一最终完成
文化与医学 科技	1866年：[英国]唐·约翰·朗顿在学会首次发表了唐氏综合征病症；[美国]费特（Cyrus Field）成功铺设大西洋电缆；阿尔弗雷德·诺贝尔发明硝化甘油炸药 1867年：[英国]外科医师李斯特倡导用苯酚溶液消毒减少外科手术死亡率 1869年：[俄国]化学家门捷列夫发现元素周期表 1866年：同文馆学生赴外国考察
卫生·制度	―――
建筑·医院	1866年：上海宏仁医院（美国圣公会）；福州塔亭医院（英国教会与官商合资）；武汉仁济医院（英国传教士） 1868年：武汉圣约瑟教会医院（美国传教士） 1869年：杭州广济医院（英国圣公会）

1871-1875年	
政治、经济 与社会	1871年：普法战争结束；德意志统一最终完成；巴黎公社成立 19世纪70年代：始于18世纪70年代、标志着人类进入蒸汽时代第一次工业革命结束；标志着人类开始进入电气时代的第二次工业革命开始 1873年：世界金融危机爆发 1873年：江西瑞昌群众拆毁美国教堂 1875年：光绪帝即位
文化与医学 科技	1873年：[挪威]汉森（Hansen）发现麻风病病原体 1875年：世界首例无菌手术施行 1872年：《申报》创办；清朝政府首次派遣留学生出洋
卫生·制度	―――
建筑·医院	1874年：天津西开天主教堂教会育婴医院（法国教会） 1875年：武汉同仁医院（美国教会）

1876～1880年	
政治、经济 与社会	1876年：第一国际宣布解散 1876年：中国近代第一位驻外使节郭嵩焘赴英就任
文化与医学 科技	1876年：亚历山大·格拉汉姆·贝尔发明电话；费城世界博览会 1878年：[英国]斯旺发明第一个实用性灯泡 1879年：[德国]现代心理学建立；爱因斯坦出生 1880年：[英国]"工艺美术运动"开始

续表

文化与医学科技	1876 年：中国第一条铁路淞沪铁路全线开通（英商怡和洋行修筑） 1878 年：中国在天津、上海、北京、烟台和营口开始试办邮政 1880 年：中国电报总局成立
卫生·制度	1876 年：[英国]《1876 年河流防污法》（直到 1951 年仍为有效基本法）
建筑·医院	1879 年：[美国]约翰·霍普金斯医院（JHH）建立
	1880 年：汉口天主堂医院（意大利教会）

1881～1885 年

政治、经济与社会	1881 年：苏丹马赫迪反英大起义 1882 年：德、奥、意三国签订"三国同盟" 19 世纪 80 年代：法国最终确立了对越南的统治
	1883～1885 年：中法战争 1883 年：上海爆发金融危机后影响到整个中国 1884 年：首次反教高潮（48 宗）
文化与医学科技	1882 年：[德国]罗伯特·科赫（Robert Koch）发现结核杆菌 1883 年：[英国]高尔顿（Francis Galton）提出"优生学"；格林尼治时间正式被采用 1885 年：[德国]奥古斯特·韦斯芒（August Weismann）提出细胞遗传信息决定细胞功能理论
	1881 年：天津成立天津医学馆 1885 年：美式六年制雨南洞小学开学，是中国现代教育的滥觞
卫生·制度	1883 年：[德国]《疾病保险法》颁布，俾斯麦政府建立了人类历史上首次由政府强制举办的社会医疗保险；与《意外灾难保险法》（1884 年）、《残疾和老年保险法》（1889 年）一起，标志着德国社会保险制度的正式诞生
建筑·医院	1881 年：泉州惠世医院（英国教会）；山东潍县乐道院、汕头斯格特－特雷谢纪念医院（美国教会）；佛山广济医局（英国传教士） 1883 年：苏州博习医院（美国教会）；沈阳盛京（施）医院（英国传教士） 1884 年：上海西门妇孺医院（美国教会） 1885 年：沈阳同善堂；海口福音医院（美国传教士）；北京女子医院（美国基督教会，道济医院前身）

1886～1890 年

政治、经济与社会	1889 年：第二国际建立
	1887 年：中国铁路公司成立
文化与医学科技	1886 年：[德国]世界首辆汽车诞生；[英国]"自行车之父"斯塔利改进自行车设计 1887 年：勒·柯布西耶出生 1888 年：《国际歌》诞生 1890 年：[法国]首次用血清注射治疗成功；[英国]《经济学原理》发表
卫生·制度	1886 年：中华基督教博医会（China Medical Missionary Association）成立
建筑·医院	1889 年：[法国]埃菲尔铁塔落成 1890 年：[美国]纸面石膏板发明生产；钢筋混凝土在建筑中得到了广泛应用

续表

建筑·医院	1886 年：北京同仁医院（美国教会）；韶关市英国基督教会循道医院（英国教会）；北海普仁医院（英国传教士） 1887 年：安阳市广生医院（加拿大教会） 1888 年：芜湖医院（美国教会）；东莞普济医院（德国教会） 1889 年：宜宾市明德、仁德教会医院（美国教会） 1890 年：济南华美院、烟台诊所、揭阳比格斯比纪念医院（美国教会）

1891～1895 年	
政治、经济 与社会	1892 年：法俄军事同盟形成，以对抗德、奥、意三国同盟 1893 年：毛泽东诞生 1894～1895 年：中日甲午战争 1895 年：中日《马关条约》签订；第二次反教高潮（60 宗）；洋务运动失败
文化与医学 科技	1893 年：[美国] 芝加哥世博会（全称芝加哥哥伦布纪念博览会）开幕；爱迪生发明电影视镜，被视为美国电影室的开端 1894 年：[美国]"医学社会学"概念出现
	1891 年：康有为设"万木草堂" 1893 年：郑观应所著的《盛世危言》出版
卫生·制度	---
建筑·医院	1895 年：[法国]"新艺术之家"设计事务所成立，开创新艺术运动先河
	1891 年：临沂美国教会医院（美国教会）；广东北海伦敦会医院附设麻风病医院（英国） 1892 年：成都仁济医院（加拿大医生）；成都四圣祠医院（加拿大教会）；南京马林医院（英国传教士）；重庆宽仁医院（美国和英国传教医生） 1894 年：存仁医院（美国医生） 1895 年：嘉兴福音医院（美国教会）

1896～1900 年	
政治、经济 与社会	1898 年：美西战争 1899 年：苏丹成为英国和埃及的共管国
	1894 年：洋务运动结束 1898 年：戊戌变法；第三次反教高潮（77 宗） 1900 年：义和团运动高涨；八国联军侵略中国
文化与医学 科技	1896 年：[德国] 伦琴（Wilhelm Conrad Röntgen）发现 X 射线；[法国] 贝克勒尔发现放射现象；[美国]福特制造出首辆汽油机车 1899 年：阿司匹林应用于临床
	1896 年：严复译著《天演论》 1897 年：商务印书馆成立 1899 年：发现甲骨文
卫生·制度	---
建筑·医院	1896 年：济宁巴可门医院（美国教会）；新乡博济医院（英国传教士）；梅州市德济医院（瑞士传教医生）；重庆仁济医院（加拿大人） 1897 年：卫理公会南昌医院（美国教会）；徐州福音诊所（美国人）；温州定理医院（英国传教士）；济南万国缔盟博爱恤兵会医院（德国教会）

续表

建筑·医院	1898 年:合肥柏贯之医院(美国教会);常德市广济诊所(美国传教士);广州惠爱医癫院(美国传教士创办);西安广仁医院(英国教会);福州柴井基督医院(英国教会);河北沧州博施医院(英国人)
	1899 年:广州市城西方便所;广州柔济医院(美国教会);青岛德国总督府野战医院(德国人)
	1900 年:上海宝隆医院(德国人);扬州浸会医院(美国教会)

1901 ~ 1905 年

政治、经济与社会	20 世纪初:主要资本主义国家完成帝国主义过渡;世界殖民体系最终形成
	1901 年:《辛丑条约》签订;清政府"新政运动"
	1905 年:中国同盟会成立;废除科举制度
文化与医学科技	1905 年:爱因斯坦建立狭义相对论并提出光量子论;[荷兰]病理学家威廉·爱因托芬首创心电图描记器
卫生·制度	1905 年:清政府设巡警部兼管卫生事务
建筑·医院	1903 年:[美国]赖特设计拉金公司行政楼
	1901 年:广州宏济医院(两广浸信会);海口中法医院(法国教会);台州市恩泽医局(英国传教士)
	1905 年:东莞麻风病医院(德国长老会柯纳医生)

1906 ~ 1910 年

政治、经济与社会	1907 年:英、法、俄三国签订"三国协议"
	1910 年:日本正式吞并朝鲜
	1910 ~ 1911 年:中国东北地区爆发肺鼠疫
文化与医学科技	1908 年:美国国会通过庚款办学提案
	1906 年:《官场现形记》出版
卫生·制度	1906 年:清政府巡警部改称民政部,卫生司为其下设五个司之一;不久开始筹办服务大众直属医院,即官医院或京城官医院
建筑·医院	1907 年:[德国]德意志制造联盟成立
	1910 年:[英国]"工艺美术运动"结束、欧洲"新艺术运动"结束
	1907 年:广州石龙麻风院(天主教神父);雅州布里登·科里斯纪念医院(美国教会)
	1910 年:绍兴基督教会医院(美国教会)

1911 ~ 1915 年

政治、经济与社会	1914 年:第一次世界大战爆发
	1910S:第二次工业革命结束(人类进入电气时代,并在信息革命、资讯革命中达到顶峰)
	1911 年:黄花岗起义、保路运动、武昌起义
	1912 年:中华民国成立
	1915 年:新文化运动、护国运动
文化与医学科技	1911:[爱尔兰]萧伯纳(George Bernard Shaw)《医生的困境》
	1912 ~ 1914 年:[美国]埃尔默·麦考伦(Elmer McCollum)和玛格丽特·戴维斯(M. Davis)发现维生素 A
	1913 年:[美国]亚贝特(John J Abel M.D)进行了血液透析实验
	1915 年:爱因斯坦发表广义相对论

续表

文化与医学科技	1911年：清政府主办奉天国际鼠疫会议 1913年：官方立法允许解剖尸体
卫生·制度	1912年：南京中华民国临时中央政府内务部设立卫生司（1913年改为内务部警保司，下设卫生科，1916年恢复为卫生司） 1915年：中华医学会成立；中华基督教博医会成立公共卫生委员会；中国基督教青年会发动全国公共卫生主题的社教运动
建筑·医院	1914年：[德国]科隆德意志制造联盟展览会玻璃馆
	1911年：清朝宣统政府齐齐哈尔官医院（今齐齐哈尔市第一医院，1500床） 1911年：通州医院（今南通大学附属医院，1861床） 1914年：宏济医院（今昆明市第一人民医院，800床） 1915：北京医科专门学校附设诊察所（今北京大学第一医院，1500床） 1915年：北京京汉铁路医院（今首都医科大学附属北京世纪坛医院，1008床）

1916～1920年

政治、经济与社会	1916年：美国成为世界上最大资本输出国 1917年：俄国十月社会主义革命 1918年：第一次世界大战结束；奥匈帝国灭亡 1918～1919年：德国十一月革命（资产阶级民主革命） 1919年：巴黎和会；共产国际建立
	1916年：袁世凯恢复帝制失败 1919年：五四运动爆发
文化与医学科技	1916年：分离出维生素B
卫生·制度	1916年：中华公共卫生教育联合会成立；颁布《传染病预防条例》 1919年：中央防疫处成立，隶属于内务部
建筑·医院	1919年：[德国]沃尔特·格罗皮乌斯（Walter Gropius）成立包毫斯学校 1919～1920年：[德国]爱因斯坦天文台
	1916年：新町医院（日本人，今青岛市立医院，2000床） 1916年：美国安息日教会诊所（美国医生，今漯河市中心医院，1000床） 1917年：山西省大同首善医院（英国教会，今大同市第二医院，420床）；上海玛格丽特·威廉逊医院（美国教会） 1917年：博爱医院（今大连市第二人民医院，400床） 1918年：北京中央医院（今北京大学人民医院，1448床） 1918年：武进医院（今常州市第一人民医院，1818床） 1918年：直隶公立医学专门学校附设诊所（今河北医科大学第二医院，1477床） 1919年：瓯海医院（今温州医学院附属第一医院，1600床） 1919年：山西川至医专（今山西医科大学第一、第二附属医院，1069床、910床） 1920年：嘉兴圣心医院（法国教会，今嘉兴市第一医院，950床） 1920年：上海伯特利医院 中国女医师石美玉、美国女教士胡遵理，今上海第二医科大学附属第九人民医院，1000床） 1920年：天津平民医院（隶属于北洋防疫处，今天津市传染病医院，400床）

续表

	1921～1925 年
政治、经济 与社会	1922 年：墨索里尼在意大利上台；苏联成立 1924 年：[苏联] 列宁时期结束，斯大林时期开始
	1921 年：中国共产党成立 1923 年：京汉铁路工人大罢工 1925 年：上海五卅惨案
文化与医学 科技	1921 年：阿尔伯特·爱因斯坦获诺贝尔物理学奖
	1923 年：鲁迅第一部小说集《呐喊》出版
卫生·制度	1921 年：广州设立市卫生局
建筑·医院	1923 年：[法国] 勒·柯布西耶（Le Corbusier）出版《走向新建筑》
	1921 年：北京协和医院（美国洛克菲勒基金会，今 1800 床）
	1921 年：上海宏恩医院（美国商人，今复旦大学附属华东医院，1100 床）
	1926～1930 年
政治、经济 与社会	1929 年：全球经济大衰退开始
	1926 年：北伐战争 1927 年：南京国民政府建立；南昌起义（八一起义） 1928 年：井冈山会师
文化与医学 科技	1928 年：国际现代建筑协会（CIAM）成立 1929 年：[英国] 亚历山大·弗莱明（Alexander Fleming）发现抗生素
	1928 年：中央研究院在南京成立 1929 年：国民政府制定《首都计划》和《大上海都市计划》，规定主要的公共建筑应采取民族形式 1930 年：中央国医馆设立
卫生·制度	1927 年：南京民国政府设置内政部卫生司 1927 年后：南京、上海、北平、天津、杭州等市相继设立市卫生局 1928 年：颁布《卫生部组织法》、《传染病预防条例施行细则》、《助产士条例》 1929 年：国民政府成立卫生部；中央卫生会议通过《废止旧医以扫除医事卫生之障碍案》；颁布《医师暂行条例》、《药师暂行条例》 1930 年：颁布"全国检疫条例"；政府决议裁并卫生部，于内政部下设卫生署
建筑·医院	1923 年：勒·柯布西耶提出"新建筑五点" 1928～1931 年：勒·柯布西耶设计的萨伏伊别墅建造 1929 年：[德国] 密斯设计巴塞罗那展览会德国馆

	1931～1935 年
政治、经济 与社会	1931 年："九一八事变" 1933 年：全球经济大衰退结束；希特勒在德国上台 1935 年：共产国际第七次代表大会
	1934 年：红军长征开始

续表

文化与医学科技	1934 年: 江西省设立卫生试验处
卫生・制度	1935 年: 美国《社会保障法》
	1932 年: 定县卫生保健模式建立
建筑・医院	1931 年: 陕西省人民医院（今 1100 床） 1933 年: 南京中央医院，杨廷宝设计（今南京军区总医院，1600 床）；广东省中医院（今 3000 床）；上海澄衷医院（今上海市肺科医院，825 床） 1934 年: 上海虹桥疗养院，奚福泉设计；新疆陆军医院（今新疆维吾尔自治区人民医院，2500 床）

<table>
<tr><td colspan="2" align="center">1936～1940 年</td></tr>
<tr><td rowspan="2">政治、经济与社会</td><td>1937 年: "卢沟桥事变"，抗日战争爆发
1939 年: 第二次世界大战爆发</td></tr>
<tr><td>1936 年: 西安事变
1937 年: 南京大屠杀</td></tr>
<tr><td>文化与医学科技</td><td>1940 年: 青霉素问世</td></tr>
<tr><td>卫生・制度</td><td align="center">———</td></tr>
<tr><td rowspan="2">建筑・医院</td><td>1936 年: [美国] 赖特设计流水别墅</td></tr>
<tr><td>1936 年: 上海中山医院（今 1700 床）</td></tr>
</table>

<table>
<tr><td colspan="2" align="center">1941～1945 年</td></tr>
<tr><td rowspan="2">政治、经济与社会</td><td>1941 年: 太平洋战争爆发
1945 年: 第二次世界大战结束；日本签订无条件投降书；联合国建立</td></tr>
<tr><td>1941 年: 皖南事变
1945 年: 中国抗日战争结束</td></tr>
<tr><td>文化与医学科技</td><td>1943 年: [美国] 赛曼・瓦克斯曼（Selman Waksman）、阿尔伯特・斯卡兹（Albert Schatz）分离出链霉素等抗生素，结核可治愈
1944 年: 肾透析用于临床
20 世纪 40 年代: 英国科学家首次开始了随机对照临床试验</td></tr>
<tr><td>卫生・制度</td><td>1942 年: [英国] 威廉・贝弗里奇（William Beveridge）的《贝弗里奇报告——社会保险和相关服务》发布；英国通过《家庭津贴法》</td></tr>
<tr><td rowspan="2">建筑・医院</td><td>1945 年: [德国] 密斯（Ludwig Mies van der Rohe）设计范思沃斯住宅</td></tr>
<tr><td>1941 年: 中央大学医学院附属公立医院（今四川省人民医院，2300 床）
1942 年: 北平私立儿童医院，华揽洪设计（今北京儿童医院，970 床）</td></tr>
</table>

<table>
<tr><td colspan="2" align="center">1946～1950 年</td></tr>
<tr><td>政治、经济与社会</td><td>1946 年: 联合国首次会议
1947 年: 美国马歇尔计划（欧洲复兴计划）正式启动；印巴分治
1948 年: 世界卫生组织（WHO）成立；以色列建立
1950 年: 朝鲜战争爆发
二战后: 第三次工业革命开始（人类进入科技时代）</td></tr>
</table>

续表

政治、经济 与社会	1949 年：中华人民共和国建立 1950 年：苏联开始援华建设；抗美援朝
文化与医学 科技	1946 年：[美国] 施乐（Xerox）静电图像复印机问世 1946 年：[美国] 世界首台电子计算机研制成功 1947 年：[英国] 丹尼斯·盖伯（Dannis Gabor）发明全息摄影术 1948 年：[美国] 商业生产可的松并用于治疗关节炎
	20 世纪 50 年代：苏联建筑界"社会主义现实主义"和"社会主义内容、民族形式"等方针成为中国建筑师创作的指导原则 1950 年：政府决定在全国各城市免费推广卡介苗接种；随后要求各级领导动员力量，扑灭天花、流脑、麻疹等疫病。
卫生·制度	1946 年：[英国] 通过《国民保险法》、《国民保健事业法》 1947 年：[英国] 通过《国民救济法》 1948 年：[英国] 实施全民医疗服务（NHS）
	1947 年：中华民国宪法规定："国家为增进民族健康，应普遍推行卫生保健事业及公医制度" 1949 年：人民解放军进入北平后宣布："保护一切公私学校、医院、文化教育机关、体育场所和其他一切公益事业。凡在这些机关供职的人员，均望照常供职，人民解放军一律保护，不受侵犯"；卫生部成立 1950 年：第一届全国卫生会议召开，确定"面向工农兵"、"预防为主"、"团结中西医"为我国卫生工作的三项原则
建筑·医院	1947 年：[法国] 勒·柯布西耶（Le Corbusier）马赛公寓
	1946 年：广东省人民医院（今 2288 床）；吉林省人民医院（今 1551 床） 1947 年：贵州省人民医院（今 2000 床） 1948 年：新疆乌鲁木齐友谊医院（今 702 床）

1951~1955 年

政治、经济 与社会	1952 年：铁幕分割柏林 1953 年：朝鲜停战协议签署；[苏联] 斯大林时期结束，赫鲁晓夫时期开始；万隆会议（第一次亚非会议）召开
	20 世纪 50 年代初：血吸虫病在西南地区大流行 1951 年：开展"三反"运动 1952 年：发起"五反"运动；10 月，"三反"、"五反"运动基本结束 1953 年：第一个五年计划启动 1955 年：第一次大规模地反浪费运动
文化与医学 科技	1952 年：[美国] 世界首次批量生产电脑（IBM701） 1953 年：[美国] 制成小儿麻痹症疫苗；[美国] 发现了 DNA 双螺旋的结构 1954 年：首例器官（肾）移植成功
	1951 年：发布《关于发展卫生教育和培养各级卫生工作人员的决定》 1952 年：第二届全国卫生会议确定"卫生工作与群众运动相结合"为我国卫生工作的第四条原则，决定推广和巩固新法接生并试行新育儿法 1955 年：中央成立防治血吸虫病九人小组
卫生·制度	1951 年：发布《关于调整医药卫生中公私关系的决定》和《关于组织联合医疗机构实施办法》，允许个体诊所和联合诊所继续发展，以及个体开业医生联合开业；卫生部制定《处理接受美国津贴的医疗机构实施办法》，逐步接收原有各种资本形式的大医院

续表

卫生·制度	1952 年：发布《关于全国各级人民政府、党派、团体及所属事业单位的国家工作人员实行公费医疗预防的指示》，确定了对部分社会成员的公费医疗制度 1953 年：公费医疗待遇扩大到大中专在校生 1954 年：全国第一次城市建设会议指出，在过渡时期城市的文教卫生建设只能在经济条件许可的情形下，进行局部改建扩建及维修工作
建筑·医院	1952～1959 年：[印度] 特蕾莎修女在印度创建三家贫病者收容院 1955 年：勒·柯布西耶设计的郎香教堂落成 1955 年：[英国]《医院功能与设计研究》出版
	1950 年：甘肃省人民医院（今 650 床） 1952 年：北京苏联红十字医院创建，由前苏联专家主导方案设计（今北京友谊医院，总 1256 床） 1953 年：陕西省人民医院（今 1200 床） 1954 年：福建省人民医院（今 550 床）；梁思成提出"建筑可译论" 1955 年：武汉同济医院落成，冯纪忠设计（今 2000 床）

	1956～1960 年
政治、经济 与社会	1956～1961 年：苏共摈弃"阶级斗争"全面转向经济建设，并下放中央权力 1957 年：欧洲经济共同体成立；[苏联]"赶英超美"经济战略提出 1958 年：世界卫生组织（WHO）启动"全球天花根除计划" 1959 年：越南战争开始
	1956 年：首辆国产解放牌汽车试制成功 1957 年：反右运动 1958～1960 年："大跃进"：全民炼钢与人民公社化 1959～1961 年：三年困难时期 1959 年：发现大庆油田 1960 年：苏联撤走在华全部专家；大庆油田开展建筑"干打垒"会战
文化与医学 科技	1957 年：[苏联] 发射首颗地球卫星、1959 年火箭登月 1958 年：[法国] 克洛德·列维斯特劳斯（Claude Lévi-Strauss）出版《结构人类学》 1960 年："后现代"（Post-Modern）一词在社会学界出现 1960 年：发明硅橡胶制动静脉瘘
	1957 年：马寅初《新人口论》发表并遭批判 1958 年：毛泽东写诗《送瘟神》；八届二次会议通过"鼓足干劲，力争上游，多快好省地建设社会主义"的总路线；毛泽东指出："中国医药学是一个伟大的宝库，应当努力发掘，加以提高"
卫生·制度	1957 年：发布《加强基层卫生组织领导的指示》，指示统筹安排好个体医生；周恩来指出卫生医疗工作方向应是"城乡兼顾，扩大门诊，举办简易病床，扩大预防，以医院为中心指导地方和工矿的卫生预防工作"，并指出公费医疗存在严重浪费现象，要求公费医疗少量收费、取消一切陋规，以节约开支 1958 年：大部分农村联合诊所合并为公社卫生院 1959 年：全国农村卫生工作会议肯定合作医疗制度，决定在全国推行
建筑·医院	1956 年：[澳大利亚] 悉尼歌剧院开始设计建设 1959 年：[美国] 赖特设计古根汉姆博物馆
	1956 年：北京天坛医院（今 950 床）；新疆医科大学第一附属医院（苏联援建重点建设项目之一，今 2100 床）；北京积水潭医院（今 1000 余床） 1958 年：河北省人民医院（今 932 床）；上海新华医院；北京宣武医院；北京朝阳医院（今 1530 床）；北京大学第三医院（今 1264 床）

续表

1961～1965 年		
政治、经济与社会	1961 年：[德国] 一夜之间建成柏林墙 1964 年：[苏联] 赫鲁晓夫时期结束；勃列日涅夫时期开始	
	1961～1964 年：偿还对苏联欠款 1962 年：中印边境自卫反击战 1964 年：三线建设开始，强调"山、散、洞"方针 1965 年：西南三线建设委员会成立	
文化与医学科技	1961 年：[美国 / 加拿大] 简·雅各布斯（Jane Jacobs）《美国大城市的死与生》出版；[苏联] 载人卫星送宇航员加加林（Y. Gargarin）上天 1963 年：[美国] 首例肝脏移植手术	
	1964 年：中国首颗原子弹（氢弹）引爆成功	
卫生·制度	1965 年：[美国] 为穷人和老年人提供医疗保险的医疗照顾和医疗救助的社会保障法案宪法修正案通过	
	1963 年：发布《开业医生管理暂行办法》，阐明保护个体开业医生政策 1965 年：毛泽东指示"把医疗卫生的重点放到农村去"（简称"六·二六指示"）；《关于改进公费医疗管理问题的通知》	
建筑·医院	1962 年：广东省口腔医院创建	
1966～1970 年		
政治、经济与社会	1968 年：[苏联] 出兵占领捷克斯洛伐克 1967 年：欧洲共同体成立	
	1966 年："文化大革命"开始 1968 年：知青上山下乡	
文化与医学科技	1967 年：[南非] 首例心脏移植手术 1969 年：[美国] 宇航员尼尔·阿姆斯特朗（N. Armstrong）登月漫步；英国和法国联合研制成功协和式超音速飞机；[日本] 川崎重工生产出第一台工业机器人 1970 年：IBM 研发软盘存储数据	
	1970 年：发射人造地球卫星成功	
卫生·制度	1966 年：《关于改进企业职工劳保医疗制度几个问题的通知》；国家出台相关政策后，在单一所有制形式的计划经济体制下，民营医疗机构不再存在 1969 年：将企业奖励基金、福利费、医药卫生费合并为"企业职工福利基金"	
建筑·医院	1966 年：[美国] 文丘里（R. Venturi）的《建筑的复杂性与矛盾性》出版 1968 年：[德国] 密斯的柏林新国家美术馆落成 1971 年：[比利时] Lucien Kroll 设计布鲁塞尔鲁汶大学医学系馆	

1971～1975 年		
政治、经济与社会	1973 年：美国在《关于在越南结束战争，恢复和平的协议》上签字，随后从越南撤军 1974 年：世界范围内通货膨胀 1974 年：[苏联] 作家索尔仁尼琴被流放 1975 年：越南战争结束	

续表

政治、经济 与社会	1971 年：中国恢复联合国合法席位 1972 年：尼克松访问中国，上海《联合公报》发表；中日建交 1973～1974 年：阿拉伯国家采取石油减产、禁运、提价等措施，引发"第一次石油危机"，以及西方国家战后最严重的经济危机
文化与医学 科技	1971 年：[英国] 头部 CT 扫描机问世 1973 年：[美国] 发明核磁共振成像技术（MRI） 1973 年：[英国] E.F. 舒马赫（E. F. Schumacher）《小的是美好的》 1974 年：[苏联] 航天探测器登陆火星 1975 年：[美国] 全身 CT 机问世
	1973 年：中央电视台开始播出彩色电视
卫生·制度	---
建筑·医院	1972 年：[法国] 巴黎蓬皮杜艺术中心动工 1973 年：[澳大利亚] 悉尼歌剧院建成
	1971 年：中山大学附属第三医院创建，今 1500 床

1976～1980 年

政治、经济 与社会	1976 年：[美国] 报告肯定臭氧层破坏假设 1980 年：世界卫生组织（WHO）宣布天花从此绝迹
	1976 年：毛泽东、周恩来和朱德去世；唐山大地震；"文化大革命"结束 1977 年：恢复高考 1978 年：十一届三中全会开启改革开放 1979：对越自卫反击战；中美建交 1980 年：经济特区正式成立；农村全面推广家庭联产承包制，撤销人民公社，原有农村合作医疗制度开始受到冲击，医疗网点有所减少
文化与医学 科技	1976 年：协和超音速飞机投入商业飞行，用于英国和法国运营的横跨大西洋旅客业务；[美国] 航天探测器登陆火星 1978 年：[英国] 世界首例试管婴儿诞生 1979 年：[美国] 报告证实吸烟致癌并与其他疾病有关
	1979 年：中国正式承认《国际卫生条例》；上海电视台播放了中国电视史上第一条电视广告
卫生·制度	1978 年：[苏联] 阿拉木图世界初级卫生保健会议
	1979 年：《农村合作医疗章程（试行草案）》发布 1980 年：卫生部印发《关于个体开业行医问题的请示报告的通知》，是改革开放后政府第一次明确允许以个体服务的形式提供医疗服务
建筑·医院	1978 年：浙江省人民医院（今 1700 床） 1979 年：辽宁省人民医院（今 888 床）

1981～1985 年

政治、经济 与社会	1982 年：第三世界债务危机 1983 年：[苏联] 勃列日涅夫时期结束；1985，戈尔巴乔夫时期开始

续表

政治、经济与社会	1981 年：邓小平首次提出一国两制
	1982 年：非公经济遭遇倒春寒；计划生育定为基本国策
文化与医学科技	1981 年：[美国] 报告艾滋病病例
	1982 年：[美国] 首例永久人工心脏移植手术
	1983 年：[澳大利亚] 世界首例人类冻融胚胎移植（FET）临床妊娠成功；[美国] 女宇航员上天
	1984 年：[美国] 发现艾滋病病毒；世界银行发布考察报告《中国卫生部门》
卫生·制度	1983 年：国务院批准卫生部《关于建设重点医院的请示报告》
	1985 年：国务院批转《关于卫生工作改革若干政策问题的报告》，扩大全民所有制卫生机构的自主权，积极发展集体卫生机构，支持个体开业行医，医改正式全面启动
建筑·医院	1985 年：首家民办医院——河北保定市脑血管病医院创办

资料来源汇总

图 2-1

Mens N., Wagenaan C. Healthcare architecture in the Netherlands [M]. Rotterdam: Nai Publishers, 2010: 16.

右：Mens N., Wagenaan C. Healthcare architecture in the Netherlands [M]. Rotterdam: Nai Publishers, 2010: 17.

图 2-3

罗伊·波特. 剑桥插图医学史. 张大庆等 译. 济南：山东画报出版社，2007: 34.

图 2-4

John D Thompson, Grace Goldin. The Hospital: a social and architectural history [M]. New Haven: Yale University Press, 1975: 18.

图 2-5

John D Thompson, Grace Goldin. The Hospital: a social and architectural history [M]. New Haven: Yale University Press, 1975: 123.

右：Zakia SHAFIE. Hospital & Cities in Four Epochs [R]. Istanbul: UIA−PHG Seminar, 2005.

图 2-6

John D Thompson, Grace Goldin. The Hospital: a social and architectural history [M]. New Haven: Yale University Press, 1975: 31.

图 2-7

上左：Mens N., Wagenaan C. Healthcare architecture in the Netherlands [M]. Rotterdam: Nai Publishers, 2010: 16

上右：Mens N., Wagenaan C. Healthcare architecture in the Netherlands [M]. Rotterdam: Nai Publishers, 2010: 16.

下：John D Thompson, Grace Goldin. The Hospital: a social and architectural history [M]. New Haven: Yale University Press, 1975: 132.

图 2-8

Courtauld Institute of Art. http://www.artandarchitecture.org.uk/images/conway/ e9c7b432.html, 2019-09-23.

图 2-9

John D Thompson, Grace Goldin. The Hospital: a social and architectural history [M]. New Haven: Yale University Press, 1975: 85.

图 2-10

John D Thompson, Grace Goldin. The Hospital: a social and architectural history [M]. New Haven: Yale University Press, 1975: 117.

图 2-11

右：Mens N., Wagenaan C. Healthcare architecture in the Netherlands [M]. Rotterdam: Nai Publishers, 2010: 17.

图 2-12

左上：Mens N., Wagenaan C. Healthcare architecture in the Netherlands [M]. Rotterdam: Nai Publishers, 2010: 17.

左下：John D Thompson, Grace Goldin. The Hospital: a social and architectural history [M]. New Haven: Yale University Press, 1975: 164.

右上：John D Thompson, Grace Goldin. The Hospital: a social and architectural history [M]. New Haven: Yale University Press, 1975: 163.

【应为：南丁格尔式病房室内】

来源：Rosenfield ,1969

图 2-13

上：Mens N., Wagenaan C. Healthcare architecture in the Netherlands [M]. Rotterdam: Nai Publishers, 2010: 147.

下：John D Thompson, Grace Goldin. The Hospital: a social and architectural history [M]. New Haven: Yale University Press, 1975: 198.

图 2-14

Stephen Verderber, David J Fine. Healthcare architecture in an era of radical

transformation [M]. New Haven: Yale University Press, 2000: 121,123.

图 2-15

Stephen Verderber, David J Fine. Healthcare architecture in an era of radical transformation [M]. New Haven: Yale University Press, 2000: 106,105

图 2-16

华揽洪 . 重建中国：城市规划三十年1949-1979. 李颖，译 . 华崇民，编校 . 北京：生活·读书·新知三联书店 , 2006: 42.

图 2-17

左 : https://huaban.com/pins/1401019594/, 2019-09-23.

右 : http://www.360doc.com/content/15/0319/06/276037_456331341.shtml, 2015-03-19.

图 2-18

王馨荣 . 博习医院"宝镜新奇"与我国第一台 X 光机 [J]. 钟山风雨 . 2009, (04): 51.

图 2-19

左 : 中国新闻网 . 纪念万国鼠疫研究会百周年学术研讨会在京举行 [OL]. http://www.chinanews.com/cul/2011/04-03/2951463.shtml，2011-04-03.

右 : 礼露，周礼婷 . 至今犹忆伍连德 [OL]. 人民日报海外版 : 第七版 . http://www.people.com.cn/GB/paper39/15104/1340017.html, 2005-06-30.

图 2-20

王绍周 . 中国近代建筑图录 [M]. 上海 : 上海科学技术出版社 , 1989.

图 2-21

左 : 中南大学湘雅医院网站 . 湘雅医院"红楼"身世溯源：美国人墨菲的"中国梦"[OL]. https://www.xiangya.com.cn/web/Content.aspx?chn=439&id=20552, 2012-04-12.

右 : 韩传恩 . 百年沧桑 盛世思考 再铸辉煌，商丘市第一人民医院记录 [R]. 武汉 : "中国医院建筑百年的思索和探讨"院长高峰论坛 . 2012-05-10.

图 2-22

上 : 中国建筑学会医院设计竞赛评选工作组，李启元 . 医院设计竞赛优良方案

评介 [J]. 建筑学报 . 1964, (09): 14.

左下、右中：赵冰，冯叶，刘小虎 . 夏夜医院楼——冯纪忠作品研讨之三 [J].

华中建筑 . 2010, (06): 2–3.

右下：华新民。

图 2-23

刘新明 . 中国医院建筑选编：1989~1999[M]. 北京：中国建筑工业出版社 .

1999–01.

图 2-24

上左：刘新明 . 中国医院建筑选编：1989~1999[M]. 北京：中国建筑工业出版社 .

1999–01.

上右：中国中元国际工程公司。

下：刘新明 . 中国医院建筑选编：1989~1999[M]. 北京：中国建筑工业出版社 .

1999–01.

图 2-25

左：张万桑 . 南京鼓楼医院南扩工程 [J]. 建筑学报 . 2014, (02): 48.

右：诸葛立荣，2005.

图 3-1

由北京建筑大学格伦老师收集提供。

图 3-2

嘉惠霖，琼斯 . 博济医院百年（一八三五～一九三五）[M]. 沈正邦，译 . 广州：

广东人民出版社 , 2009.

图 3-3

新乡博济医院（现为新乡医学院第一附属医院）、南京鼓楼医院（现为南京鼓

楼医院）和北海普仁医院（现为北海市人民医院）照片由中国医院协会医院

建筑系统研究分会提供，是该分会为组织编写《中国医院建筑百年》向这三

家医院征集而来。其余照片来自网络。

图 3-4

上左：中南大学湘雅医院官网 . 1916 年竣工的湘雅医院大楼 [OL]. https://

www.xiangya.com.cn/web/Content.aspx?chn=442&id=14472, 2013-07-24.

上右：讴歌 编著．协和医事．北京：三联书店，2007-10: 36.

下左：由中国医院协会医院建筑系统研究分会提供，是该分会为组织编写《中国医院建筑百年》向四川大学华西医院征集而来。

下右：跬－步的博客．省人民医院百年前老照片——开封福音医院 [OL]. http://blog.sina.com.cn/s/blog_4e04a6b10100e1aa.html, 2009-07-12.

图 3-5

上左：Michelle Campbell Renshaw. Accommodating the Chinese: the American Hospital in China, 1880-1920 [M]. New York: Routledge, 2005-04: 90.

上右：北京建筑大学北京建工建筑设计研究院。

下左：由中国医院协会医院建筑系统研究分会提供，是该分会为组织编写《中国医院建筑百年》向中山大学附属第一医院征集而来。

下中：言衣草－上海历史建筑前世今生的博客．上海 乌鲁木齐中路 中国红十字会总医院 [OL]. http://blog.sina.com.cn/s/blog_a598306e0102xy3h.html, 2017-07-11.

下右：由中国医院协会医院建筑系统研究分会提供，是该分会为组织编写《中国医院建筑百年》向上海中医药大学附属曙光医院征集而来。

图 3-7

左：中国周刊．周诒春：为清华奠基 [OL]. http://news.sina.com.cn/c/sd/2011-04-21/111922332994_3.shtml, 2011-04-21.

清政府陆军部（1906 年）

voodoo3_bj 的博客．百年回望 之八十三 清陆军部 [OL]. http://blog.sina.com.cn/s/blog_56577d8f0100v65z.html, 2011-05-31（原载于 1912 年《东方杂志》）。

图 3-8

左：Michelle Campbell Renshaw. Accommodating the Chinese: the American Hospital in China, 1880-1920 [M]. New York: Routledge, 2005-04: 2.

右：Michelle Campbell Renshaw. Accommodating the Chinese: the American Hospital in China, 1880-1920 [M]. New York: Routledge, 2005-04: 5.

图 3-9

左：由中国医院协会医院建筑系统研究分会提供，是该分会为组织编写《中国医院建筑百年》向卫生部北京医院征集而来。

中：陈伯超 . 沈阳城市建筑图说 [M]. 北京 : 机械工业出版社，2011-02:126.

右：抚顺老客的博客 . 2016 年版【抚顺老建筑 1900-1949】19 为煤矿而建的医院 . http://blog.sina.com.cn/s/blog_a22ce76d0102x8vt.html, 2016-10-23.

图 3-10

上：J. T. W. Brooke. Country Hospital [M]. The China architects and builder compendium. Shanghai: North-China Daily News & Herald Limited, 1925: 85,86.

下：满铁大连医院外观图片由中国医院协会医院建筑系统研究分会提供，是该分会为组织编写《中国医院建筑百年》向大连大学附属中山医院征集而来；满铁大连医院首层平面图来自：西泽泰彦 . 旧满铁大连医院本馆建设过程及历史评价 . 见：汪坦，张复合 . 第五次中国近代建筑史研究讨论会论文集 [C]. 北京：中国建筑工业出版社，1998-03: 155.

图 3-11

左：Michelle Campbell Renshaw. Accommodating the Chinese: the American Hospital in China, 1880-1920 [M]. New York: Routledge, 2005-04: 53, 54.

右：Michelle Campbell Renshaw. Accommodating the Chinese: the American Hospital in China, 1880-1920 [M]. New York: Routledge, 2005-04-02: 95, 97.

图 3-12

由北京建筑大学格伦老师收集提供。

图 3-13

透视图来自：Michelle Campbell Renshaw. Accommodating the Chinese: the American Hospital in China, 1880-1920 [M]. New York: Routledge, 2005-04: 90.

正立面图来自：毛汛 . 百年医院建筑的维护和存在的问题 [R], 武汉："中国医院建筑百年的思索和探讨"院长高峰论坛，2012-05.

各层平面图来自：WU LIEN-TEH. A MODEL HOSPITAL ESTABLISHED AND MANAGED BY CHINESE [J]. THE MODERN HOSPITAL. APRIL,

1917. Vol.8(4): 242−243.

图 3-14

左图由中国医院协会医院建筑系统研究分会提供，是该分会为组织编写《中国医院建筑百年》向广东中山大学附属第一医院征集而来。

图 3-15

孙虹，肖铁. 大型医院建筑效率与安全性能的思考 [R]. 武汉："中国医院建筑百年的思索和探讨" 院长高峰论坛 , 2012−05.

图 3-16

上：Logan H. Roots, Our Plan for the Church General Hospital, Wuchang [M]. New York: The Board of Missions, 1916: 2.

中左：General Hospital American Church Mission, Wuchang, Hupeh [J]. China Medical Missionary Journal, 33, 1919 (1): 72−3.

中右：WOMEN'S AUXILIARY TO THE NATIONAL COUNCIL. ADVANCE WORK PROGRAM: 1932−1933−1934. Archivist and Historiographer of the Episcopal Diocese of New York, 2008 [2014−8−12].http://anglicanhistory.org/usa/misc/advance1932/.

下：Michelle Campbell Renshaw. Accommodating the Chinese: the American Hospital in China, 1880−1920 [M]. New York: Routledge, 2005−04: 87.

图 4-1

Paul Boluijt. The Core Hospital [R]. Istanbul: UIA−PHG Seminar, 2005.

图 4-2

澳大利亚皇家全科医师学院。

图 4-5

左：Nuffield Provincial Hospitals Trust. Studies in the Functions and Design of Hospitals [M]. London: Oxford University Press, 1955: 104.

右：Nuffield Provincial Hospitals Trust. Studies in the Functions and Design of Hospitals [M]. London: Oxford University Press, 1955: 46.

图 4-10

Peter Stone. british hospital and health-care buildings designs and appraisals [M]. London: The Architectural Press Ltd, 1980: 9.

图 4-11

Nucleus 医院的鸟瞰图来源：Peter Stone. british hospital and health-care buildings designs and appraisals [M]. London: The Architectural Press Ltd, 1980: 11.

功能模块示意图来源：James W P, Tatton-Brown W. Hospital design and development [M]. London: Architecture Press, 1986: 56.

图 4-12

总体"生长"示意图来源：Cox A , Groves P M . Hospitals and health-care facilities : a design and development guide[M]. Boston: Butterworth Architecture, 1990: 54.

图 4-14

Paul Boluijt. The Core Hospital [R]. Istanbul: UIA-PHG Seminar, 2005.

图 4-15

MARU.

图 4-18

左上：Mens N., Wagenaan C. Healthcare architecture in the Netherlands [M]. Rotterdam: Nai Publishers, 2010: 210.

左下：Peter Stone. british hospital and health-care buildings designs and appraisals [M]. London: The Architectural Press Ltd, 1980: 2.

右：Mens N., Wagenaan C. Healthcare architecture in the Netherlands [M]. Rotterdam: Nai Publishers, 2010: 226-227.

图 4-20

左：EGM 建筑师事务所。

图 4-21

左：Mens N., Wagenaan C. Healthcare architecture in the Netherlands [M]. Rotterdam: Nai Publishers, 2010: 281.

图 4-22

Netherlands Board for Healthcare Institutions. Building Differentiation of Hospitals, Layers approach [R].

http://www.bouwcollege.nl/Bouwcolege_English/Planning_and_Quality/ Cure/073609_building_web.pdf, 2007: 6.

图 4-23

右下：布赫·赫利俄斯医院。

图 4-24

Dzukowsi. UKE 汉堡大学附属医院。

图 4-25

Heinzpeter Möck. 阿斯克勒庇俄斯医院。

图 4-26

Heinzpeter Möck. 阿斯克勒庇俄斯医院。

图 4-28

Anke von Kottwitz. 公共建筑修建及改建项目中有关能源效率的法律框架 [R]. 2013−09.

图 4-29

Anke von Kottwitz. 公共建筑修建及改建项目中有关能源效率的法律框架 [R] . 2013−09.

图 5-1

http://www.cz96120.com/Article/ShowArticle.asp?ArticleID=179.

图 5-10

中国中元国际工程公司。

图 5-16

MARU. The Planning Team And Planning Organization Machinery[R]. 1975:5.

图 6-3

李强 . "丁字型" 社会结构与 "结构紧张" [J]. 社会学研究 , 2005, (02):59.

图 6-6

上：MARU.

图 6-7

Susan Francis, Rosemary Glanville, Nuffield Trust. Building a 2020 vision: Future health care environments [M]. London: Stationery Office Books, 2001−10: 31.

图 6-11

罗运湖. 现代医院建筑设计 [M]. 北京：中国建筑工业出版社，2002−01: 8.

图 6-12

谷口汎邦. 医疗设施 [M]. 任子明，庞云霞 译. 北京：中国建筑工业出版社，2004. 47.

图 6-13

上左、上右：MARU.

左下：Nuffield Provincial Hospitals Trust. Studies in the Functions and Design of Hospitals [M]. London: Oxford University Press, 1955: 9.

右下：Nuffield Provincial Hospitals Trust. Studies in the Functions and Design of Hospitals [M]. London: Oxford University Press, 1955: 46.

图 6-15

左：http://att3.citysbs.com/780x520/haodian/2013/08/11/11/112529_19621376191529511_b070e8ae441910d3181e0ea3513cd259.jpg

右：http://www.cz96120.com/Article/ShowArticle.asp?ArticleID=179.

图 6-17

右：中国中元国际工程公司。